美观的动力学

——建筑与审美

[英] 彼得·F·史密斯　著

邢晓春　译

中国建筑工业出版社

著作权合同登记图字：01-2011-1260号

图书在版编目（CIP）数据

美观的动力学——建筑与审美/（英）史密斯著；邢晓春译.
北京：中国建筑工业出版社，2012.10
ISBN 978-7-112-14438-9

Ⅰ.①美… Ⅱ.①史…②邢… Ⅲ.①建筑美学 Ⅳ.①TU-80

中国版本图书馆CIP数据核字（2012）第139511号

责任编辑：程素荣 董苏华
责任设计：赵明霞
责任校对：张 颖 赵 颖

美观的动力学——建筑与审美
［英］彼得·F·史密斯 著
邢晓春 译
*
中国建筑工业出版社出版、发行（北京西郊百万庄）
各地新华书店、建筑书店经销
北京嘉泰利德公司制版
北京中科印刷有限公司印刷
*
开本：787×1092毫米 1/16 印张：15³/₄ 字数：380千字
2012年10月第一版 2012年10月第一次印刷
定价：48.00元
ISBN 978-7-112-14438-9
（22517）

版权所有 翻印必究
如有印装质量问题，可寄本社退换
（邮政编码100037）

目录

中文版序

美观的动力学
——建筑与审美

"唯一存在的、能够构建一种文明的复杂生活的场所，就是我们身处的这颗行星——地球……她只需要机遇和大自然法则的最少结合，就可以产生出能够支持一种文明的星球"[Brian Cox 教授，曼彻斯特大学，《太阳能系统的神奇之处》(Wonders of the Solar System)，英国广播公司电视 2 套，2011 年]。

　　其中一些关键的条件包括：

- 地球与太阳的距离；
- 地球的质量及其相对于太阳的倾斜角；
- 大气层的组成成分；
- 刚好为生命所需的重力。

　　或许最长久的、从未被打断过的文明就在中国。例如，汉代延续了 200 多年*。像公元前 5 世纪建造长城和大运河这样的壮举**，就意味着一个高度组织的社会。

　　"文明"是对社会之内驱动力的一个总括性术语，这些驱动力对抗着无政府主义和野蛮状态，它们以无穷无尽的方式寻求表达，但是，最重要的是以*和谐*的概念进行表达，这就是秩序战胜复

---

* 西汉，公元前 206—公元 25 年；东汉，25—220 年。——译者注

** 中国修筑长城的历史可以追溯到公元前 9 世纪，公元前 200 多年秦朝连接北方各诸侯小国长城，形成"万里长城"；中国运河始于公元前 5 世纪由吴开凿，公元 7 世纪初，隋朝开通南北运河，全长约 2000 里。——译者注

THE DYNAMICS OF DELIGHT
—Architecture and aesthetics

"The only place where there is complex life that can build a civilisation is here on planet Earth...It needed the rarest combination of chance and the laws of Nature to produce a planet that can support a civilisation" (Professor Brian Cox, University of Manchester, *Wonders of the Solar System*, BBC2 TV, 2011).

Some of those critical conditions involved:
- Earth's distance from the sun
- Earth's mass and angle of tilt relative to the sun
- The composition of the atmosphere
- Gravity being just right for life.

Probably the longest unbroken thread of civilisation has been enjoyed by China.The Han dynasty, for instance, lasted for 200 years.Projects like creating the Great Wall in the 5th century BC and the Grand Canal pre-supposed a highly organised society.

'Civilisation' is the generalized term for the drives within society which counter anarchy and barbarism and which find expression in an almost infinite variety of ways but most significantly in the concept of

杂性，从而揭示超验模式的现象。

美的观念是文明这一概念的核心。这是地球自 137 亿年前产生于大爆炸之时开始的、非同寻常的故事的最后一章。她所经历的动荡历史包括五次大灭绝和十次较小规模的种群灭绝。然而，有足够数量的动植物群从这些灾难中幸存下来，使地球最终能够满足使之"恰好适合文明产生"的条件。

直到相当近期，艺术与科学仍然是对立的。这种两分法出现在 1960 年 C·P·斯诺（C.P.Snow）的著作《两类文化》（The Two Cultures）中。弗兰克·奥本海默（Frank Oppenheimer）致力于弥合这一分裂："艺术与科学非常不同，但是……它们都基于一种准确的模式认知的基础。在最简单的层面，艺术家和科学家一样使人们有可能理解那些他们要么无法区分要么已经学会忽略的模式，以便于应对他们日常生活的复杂性"[引自 Pat Murphy，《经由大自然的设计》（By Nature's Design），旧金山，Chronicle Books，1993，第 13 页]。

这是一个每件事情都要寻求证据的时代。我们要提出的理由是，和谐的根源存在于科学中，尤其是生物数学这一新兴的学科。这使得不同的学科走到一起，来阐明这一主题，起源就是找寻大自然的模式，在 19 世纪这些模式初现端倪。华威大学的伊恩·斯图亚特（Ian Stewart）教授竟然说道"对生命的充分理解取决于数学。在每一个层面，从分子的层面到生态系统，我们发现数学模式充斥着我们生活的无数方面"[《生命的另一个秘密——生命世界的新数学》（Life's Other Secret-The new mathematics of the living world），Allen Lane，企鹅出版社，伦敦，1998 年，第 2-3 页]。最普遍的模式之一就是斐波纳契数列，这是一个数学级数，其中每一个接下来的数值都是前两个数值之和。它在大自然中是显而易见的，甚至更为称奇的是下述事实，即邻近数字之间的比率产生了黄金分割，随着小数位数的增加，斐

harmony，the phenomenon in which order outweighs complexity to reveal transcendent patterns.

The idea of beauty is at the heart of the concept of civilisation.It is the final chapter of a remarkable story which began when the Earth was formed as a result of the Big Bang 13.7 billion years ago.Its turbulent history involved five major extinctions and ten lesser ones.Nevertheless，enough flora and fauna survived these catastrophes to enable it ultimately to meet the conditions that made it 'just right for civilisation'.

Until quite recently the arts and sciences had been opposites.This dichotomy was exposed in C.P.Snow's book *The Two Cultures* in 1960.More recently Frank Oppenheimer sought to heal this rift: "Art and science are very different，but... they both rest on a basis of acute pattern recognition.At the simplest level，artists and scientists alike make it possible for people to appreciate patterns which they were either unable to distinguish or which they had learned to ignore in order to cope with the complexity of their daily lives" (quoted by Pat Murphy，*By Nature's Design*，San Francisco，Chronicle Books，1993，p 13).

This is an age which requires evidence for everything.There is a case to be made that the roots of harmony reside in science，in particular，the emerging discipline of biomathematics.This has led different disciplines to come together to throw light on the subject，stemming from the discovery of patterns in Nature which came to light in the 19th century.Professor Ian Stewart of Warwick University goes so far as to say that "a full understanding of life depends on mathematics.At every level of scale，from molecules to ecosystems，we find mathematical patterns in innumerable aspects of life". (*Life's Other Secret-The new mathematics of the living world*，Allen Lane，The Penguin Press，London 1998 p2-3). One of the most ubiquitous patterns is the Fibonacci Series，a mathematical progression in which each successive value is the sum of the two previous values. It is remarkably evident in Nature，and even more amazing is the fact that the ratio between adjacent numbers produces the golden section to increasing

波纳契的值越大。

爱德华·O·威尔逊（Edward O.Wilson）在他的著作《理科和人文科学之间的一致性》（Consilience）中，加上了这样的观点："在艺术与科学二者中，编制好程序的大脑都是在寻找优雅，这就是对于模式的最精辟和最激发情感的描述，以便从细节的混乱中理出头绪。"（伦敦：Little，Brown and Co.1998年，第23页）J·Z·扬（J.Z.Young）是伦敦大学学院解剖学系的前任主任，他得出结论说："艺术家的工作正处于人类活动的核心……建立得十分完美的偏好之一，就是被称作黄金分割的比率。"他接着说："对立与平衡的概念……以及黄金分割的概念，有可能是我们的大脑程序的基本结构的一部分，因为它们就是我们的身体结构。"[《大脑的程序》（Programs of the Brain），牛津，1978年，第243页]。

本书的目标之一，就是探索黄金分割的原则如何能够从纯数学领域延伸到信息科学的领域或者叫做"信息学"。良好的比例采取了无穷无尽的形式，涵盖了艺术、音乐、建筑学和更为复杂的城镇主题。《美观的动力学》一书致力于通过提出有着无穷无尽的线索可以将"两类文化"结合起来，从而进一步削弱这样的观念。总之，对于发现的奖励，就是美感的瞬间，或者叫做"有了！"这样的体验，这在科学中司空见惯，在艺术领域也是如此。

约翰·拉斯金（John Ruskin）写道："伟大的民族是用这样三种手稿撰写其自传的：功绩卷、语词卷和艺术卷……在这三卷中，唯一可信的是最后一卷。"[引自《文明》（Civilisation），Kenneth Clarke，1969年]。

decimal places the greater the Fibonacci values.

Edward O Wilson，in his book *Consilience*，adds to the argument: "In both the arts and science，the programmed brain seeks elegance which is the parsimonious，evocative description of pattern to make sense of a confusion of detail" (London: Little，Brown and Co 1998，p 23）．Professor J Z Young，former head of the Anatomy Department at University College，London，concluded that: "The work of the artists is at the very centre of human activities... One of the very well established preferences is for the ratio known as the golden section" He continues: "Concepts of opposition and balance....of golden means may be part of the fundamental structure of our brain programs as they are of our bodily structure" (*Programs of the Brain*，Oxford 1978 p.243）．

One of the aims of this book is to explore how the principle of the golden section can be extended beyond pure mathematics to the field of information science or ´informatics´.Good proportion can adopt an infinite number of guises embracing art，music，architecture and the more complex subject of townscape.The *Dynamics of Delight* seeks further to undermine the concept of The Two Cultures by suggesting there are numerous threads that bind them.After all，the reward for discovery is the aesthetic moment or ´Eureka´ experience and it is as common in science as it is in the arts.

John Ruskin wrote: "Great nations write their autobiography in three manuscripts: the book of their deeds，the book of their words and the book of their art... of the three，the only trustworthy one is the latter." (quoted in *Civilisation*，Kenneth Clarke，1969)

彼得·F·史密斯

2012年5月

前言

在亨利·沃顿（Henry Wotton）爵士*提出的优秀建筑应具备的三要素"坚固（firmness）、实用（commodity）、美观（delight）"中，本书所强调的是三者之中的最后一个要素，书名也由此而得。

那些闯入建筑理论中危险地带的人士倾向于分为两大阵营。第一类人，他们游走于当代各种风格和时尚的潮流中，试图去发现某些共性，能够证明以互不相关的风格，比如说后现代主义，将建筑进行分类这一做法是理所应当的。他们时刻关注那些可能播撒新的潮流趋势种子的建筑作品。

第二类人群倾向于关注某个特定的主题。他们把生命中的大部分时光用来"嚼同一根骨头"。他们不会专注于某一特定的时期或场所。我承认我也表现出这一倾向。我那一根特定的"骨头"，就是研究人类对于建筑和城市形态的多种表现的反应。这时不时成为"有争议的骨头"，尤其是当我的研究课题集中在试图揭示审美感知的根源时。我写了四本书，标志着一路走来直到眼下这一本的历程：《城市化的动力学》（The Dynamics of Urbanism）、《城市的句法》（The Syntax of Cities）、《建筑与人性尺度》（Architecture and the Human Dimension）和《建筑与和谐的原则》（Architecture and the Principle of Harmony）。所有这几本书都趋向于从心理学角度探讨该主题。尽管心理学议程是本书的重点，我仍然会从更广泛的视角进行审视，洞察审美愉悦的秘密。美学作为一门科学，不那么确切地说，根植于 20 世纪早期量子力学的发展和测不准原理（uncertainty principle）。这些科学理论为混沌理论和分形几何学铺平了道路。本书提出的设想是，这些理论如何以建筑为载体与审美价值观相联系的。

在本书写作的时期，行业内存有对于"质量评估"（Quality Assessment）、"性能标准"（Standards of Performance）和"关键性能

---

* 亨利·沃顿（1568—1639 年）是英国作家和外交官，他于 1624 年出版了一本著作，题为《建筑的要素》(The Elements of Architecture)，实际上是维特鲁威的《建筑十书》(de Architectura) 的不精确的翻译本。——译者注

指标〞(Key Performance Indicators）的迷恋。这种现象已经渗透到建筑的美学品质范畴。根据《建成环境》(The Built Environment)杂志（2001年6月15日）刊载的信息，英国建筑和建成环境委员会（Commission for Architecture and the Built Environment-CABE）着手建立数学模型，以便为一幢给定的建筑物提供〝美观因子〞(delight factor)。支撑本书的信念就是，尽管数学与该主题密切相关，但是，对于美的感知决不能简化为某种运算法则。

由于这代表了一路研究探索的过程可能得出怎样的结论，所以，我们将不可避免地回顾先前的著作。这是因为在这里所写的并未推翻先前的思想。本书与上述著作的主要差异在于，我试图建立更加全面的理论架构，从大自然以及心理学的发展中提取证据。我已经〝会当凌绝顶，一览众山小〞了。

彼得·F·史密斯
2002 年 7 月

致谢

　　我要向英国皇家建筑师学会（RIBA）的主席保罗·海厄特（Paul Hyett）致以诚挚的谢意，感谢他对本书早期手稿的颇具价值的评论。我也感激我的夫人珍妮特（Jeannette）无与伦比的校对技能。

第一部分

阿姆斯特丹与老虎

第 1 章

设立基础

只有当我们认为建筑和城市是有价值的，并且为其利益不断地与熵 (entropy)* 作斗争时，它们才能幸存下来。价值的标准多半与实用性无关，或几乎无关，否则为什么要保存被毁坏的神庙和城堡呢？作为单体的建筑，以及作为城市形态的建筑，是审美和象征体验的一个巨大来源。这就是不可避免的艺术（unavoidable art）。

"可持续性"几乎成为这个时代不断念叨的经文。可以理解的是，重点在于所有形式的污染，尤其是温室气体造成的污染，以及保护地球上的自然资源。从建成环境方面来说，在这些紧迫的考虑事项中，倾向于被忽略的可持续性方面是耐久性的品质。很多年以前，英国皇家建筑师学会的主席曾经呼吁，建筑应当为"延长使用寿命，提高适应性"(long life, loose fit) 原则而设计。这是可持续性的一个方面：能够适应用途变化的建筑，以及设计出旨在拥有长期使用寿命的建筑。如果建筑能够满足一系列不同的需求，并且以超越当代品位的方式具有审美愉悦性的话，就具有很高的耐久可能性，或许能矗立数个世纪。在强调"可持续性"的时代，沃顿所说的"美观"是一个重要的组成部分，有时这个部分被那些用眼睛仅仅盯住生态目标的人所忽略。

直到 20 世纪以前，建筑一直处在"艺术女王"(the queen of the arts) 的地位。这一观念被现代主义运动的辩护者们严词拒绝了，他们切断了建筑与美学之间的关联。这部分是对唯美主义运动（aesthetics movement）** 的回应，这一运动采取了主体的精英视角，将美与日常生活的关注内容割裂开。罗杰·弗赖（Roger Fry）是领导这一运动的布鲁姆斯伯里圈（Bloomsbury）评论家之一。

在本书写作时，关于艺术中美的角色的辩论已经再度觉醒，尤其是得到了牛津大学艺术史学家约翰·凯奇（John Cage）的倡导。他得出结论说："在视觉艺术中，正是 [美] 才是成为极度不时尚的。"他有

---

* entropy，热力学的概念，指热能除以温度所得的商，标志热量转化为功的程度。也可以引申为体系的混乱程度，可理解为渐降成无序状态。——译者注

** 唯美主义运动是于 19 世纪后期出现在英国艺术和文学领域中的一场组织松散的反社会的运动，发生于维多利亚时代晚期，大致从 1868 年延续至 1901 年。——译者注

一点不情愿地继续承认说："我猜测，建筑师的确不时对此有着隐藏于内心的兴趣。"[1]他们的确如此，但是半遮半掩。"美"仍然是一个限定在羞羞答答的范围内的词语。建筑评论家乔纳森·葛兰西（Jonathan Glancey）在给《卫报》（Guardian）撰文时，毫不掩饰地宣称他在这一问题上的姿态："建筑师一度将建筑设想为纯粹功能性的机器，当他们以此为乐时，就是他们自己最可恶的敌人。*但是，这些功能之一必须是展现美*"。[2]所以，风水轮流转，现在正是一个适当的时机，可以致力于恢复美学应有的地位，并揭示其根源。这应当有助于解释使得某些建筑和艺术作品平安地度过一时的趋势和短期时尚一次次冲击的原因。但是，首先，为了恰当地考虑这些问题，让我解释一下这本书不是关于什么问题的。

这不是关于"风格"的，尽管风格与特征紧密相连。许多冒险进入这个有危险的主题发表作品的人，是从风格定位方面来讨论的。例如，罗杰·斯克鲁顿（Roger Scruton）致力于古典风格，他是带着染上了多立克柱式色彩的眼镜来审视美学的。另外，普金（Pugin）只能从早期哥特式中看到优点，将古典风格看做是异教的外在符号。某一种特定风格的辩护者常常超越了美学的偏好，声称他们所选择的风格就是真理所在。在20世纪，现代主义运动的倡导者就为机器时代的建筑作出了这样的宣称。这一风格曾经成为社会变革的引擎。倾向于某种建筑风格，认为其具有道德优越性，这种错误见解被戴维·沃特金（David Watkin）在《道德与建筑》（Morality and Architecture）中揭示出来。[3]道德在这种观点中有其地位，但是不是以"机器美学"的煽动者所描述的方式来论证的。

我不是在关注美学理论领域的回顾，进入争辩与抗辩的辩证模式。我把这些留给哲学家去做，他们是如此擅长做这类事。

本书的目的在于为提出审美感知的逻辑依据而争论，我们可以从心理生物学（psycho-biology）和构成大自然基础的某些常数中找到证据。

这一方法并不是新的，人们认可诸如"心理生物学"和"生物美学"（bioaesthetics）这样的术语已经有一段时间了，这些术语代表了一种不同于哲学家采用的、研究美学课题的方法。使哲学家感到苦恼的、在于他们对美学的思考中存在的错误见解就是下述信仰，即美是能够对其进行"客观思考"的。目前广泛接受的观点是，即便在最严格的科学实验室内，也不存在绝对客观性这样的事。

第一个任务就是总结我们目前从心理驱力和奖励的角度对于审美感知的理解。然而，本书的主要目的在于超越目前的正统观点，详细阐述生物美学的主题，为将那些相当新近的、描述大自然的方式结合起来而争论。

我们有着从大自然中汲取灵感的传统，但是这主要局限于在建筑中反映出自然的形式；也就是反映自然生长模式的、所谓的有机形状。这类形式毫无疑问启发了安东尼·高迪（Antoni Gaudí），并且渗透到新艺术运动的图案中。鲁道夫·斯坦纳（Rudolf Steiner）率先使用大体积混凝土来创作纪念碑式的类似有机物，以象征着"灵魂的科学"（Science of the Spirit），正如最近修复的、位于瑞士多尔纳赫的歌德讲堂（Goetheanum）。然而，本书的目标在于，寻找大自然中的基础法则与审美感知现象之间的关联。

本书吸取了广泛而多样的来源，并不忠于任何一个特定的心理学流派，不像最近的一些著作那样。例如，拉尔夫·韦伯（Ralf Weber）在《论建筑美学》（On the Aesthetics of Architecture）中通过格式塔心理学的视角来审视美学。[4] 在这本书里，的确有一些有用的洞见，但是只见树木，不见森林。

总之，目的在于成为描述性（descriptive）的文本，而不是预先-制定规则（pre-scriptive）的。那些想要找到达成审美判断这一任务的捷径的人，将会感到失望。本书的目的在于探索随着审美感知而出现的心理驱力和策略，而建筑则用来作为媒介。

潜在的假设是，审美判断本身就是一个感知的范畴。这一点首先由克莱夫·贝尔（Clive Bell）在他的著作《艺术》（Art）中提出来。[5] 翁贝托·埃科（Umberto Eco）在他撰写的《中世纪的艺术与美》（Art and Beauty of the Middle Ages）中支持这种分类。[6]

尽管到目前为止各不相同的学科之间的边界正在广泛消融，但是，艺术与科学之间的根本分裂仍然未受触动。19 世纪科学家威廉·惠威尔（William Whewell）创造了"理科和人文科学之间对同一论题的研究方法的一致性"（consilience）一词，来描述截然不同的学科之间的日益接近。20 世纪最重要的智识方面的事件之一，就是学科之间边界的逐渐消融，以及从分门别类的牛顿式世界观转向整体式的、对世界的格式塔式理解，以这种观点来看，互动的无限性产生了巨大的不确定性。欧几里得几何已经让位于分形几何。囊括一切的学科已经出现，例如"混沌学"（chaology）。混沌理论和分形几何的发展已经为描述具有内在不可预测性的系统开辟了新途径，例如天气系统。然而，最顽固的区分仍然存在于所谓的"两类文化"（Two Cultures）之间。在致力于弥合这一鸿沟方面，美国人弗兰克·奥本海默（Frank Oppenheimer）曾经说过：

> 艺术与科学非常不同，但是，它们都来源于经过逐渐养成的感知敏锐性。它们都基于一种准确的模式认知的基础。在最简单的层面，艺术家和科学家一样使人们有可能理解那些他们要么无法区分、要么已经学会忽略的模式，以便于应对他们日常生活的复杂性。[7]

让我们追溯到更早的1908年，当时朱尔-亨利·普安卡雷（Jules-Henri Poincaré）正在设法解决科学中的灵感问题。他得出结论说，灵感的发生器就是"阈下自我"（subliminal self）。在面对一个问题时，它对数据进行扫描，以选择最有成效的数据组合。他的结论是，"最有效的组合恰好就是最美的，我的意思是，那些最能够吸引这种特定的敏感性的组合。"对于普安卡雷来说，所有一切都取决于"实际创造者的审美敏感性（aesthetic sensibility）"。[8]

在最近出版的一本叫做《理科和人文科学之间的一致性》（Consilience）的书中，爱德华·威尔逊（Edward Wilson）又更进一步地进行了探讨："在艺术与科学二者中，编制好程序的大脑都是在寻找优雅，这就是对于模式的最精辟和最激发情感的描述，以便从细节的混乱中理出头绪。"[9]

为了有助于我们从细节的混乱中理出头绪，我要吸取非线性动力学（non-linear dynamics）这一正在发展的领域（一般把这叫做混沌理论），以及生物数学这一新兴专题的研究成果。但是，首先必须说明的是，将科学运用于美学并不是新的发明。

参考文献

1　John Cage, *Colour and Culture* (London: Thames and Hudson).

2　Jonathan Glancey, the *Guardian*, 26 June 2000.

3　David Watkin, *Morality and Architecture* (Oxford: Oxford University Press, 1977), ch. 22.

4　Ralf Weber, *On the Aesthetics of Architecture* (Aldershot: Avebury, 1995).

5　Clive Bell, *Art* (London: Chatto and Windus, 1914).

6　Umberto Eco, *Art and Beauty in the Middle Ages* (New Haven, Conn.: Yale University Press, 1986).

7　由 Pat Murphy 引用，*By Nature's Design* (San Francisco: Chronicle Books, 1993), p.13.

8　由 Arthur Koestler 引用，*The Act of Creation* (London: Hutchinson, 1964), p. 165

9　Edward O. Wilson, *Consilience* (London: Little Brown and Co., 1998), p.243.

第 2 章

审美感知的根源

"如果一种审美理论不是充分根植于大脑活动的话，那它就不可能是全面的，更不要说是深刻的了。"泽米尔·泽基（Semir Zeki）进一步断言："所有视觉艺术都是通过大脑来表达的，因此必须遵循大脑的法则，不论是构思、实施或是欣赏。"[1]

"大脑的法则"是人类的共同遗传，因此必须成为任何审美感知理论得以构建的共同性平台。这就无可避免地将我们引导到神经生物学的外围领域。

审美的科学方法随着 1874—1876 年间冯特（Wundt）和费希纳（Fechner）的工作而紧锣密鼓地展开，这些工作将审美愉悦等同于由视觉刺激引起的唤起程度。费希纳认为，"审美的基本原则有可能这样简短地概括起来，即人类为了享受对某个物体的注视，需要在其中找到某种统一的多样性（unified variety）。"[2]

导致对审美的理解方面达到新境界的突破，是在 20 世纪 60 年代一次对于缓解癫痫的外科手术干预的副产品。当时人们相信，癫痫的突然发作是大量电涌穿越大脑的结果。为了给最严重致残的病人带来缓解，需要手术切除连接着大脑两个半球——左、右大脑半球——的致密纤维组织，即*胼胝体*。这就意味着大脑的两个半球再也不能彼此交流。

其结果就是为心理学家打开了潘多拉的盒子，因为他们首次能够分析大脑两个半球的特定功能，对于一个正常人来说，这些功能是以共生的方式运作的。领导这一实验领域的是美国加利福尼亚州的罗杰·斯佩里（Roger Sperry）博士。他和他的同事"发现，大脑的每一个半球都有其单独的一系列意识思维和各自的记忆"，而且"大脑两个半球以完全不同的方式进行思考。左脑倾向于以言语的方式思考，而右脑则直接以感觉表象（sensory images）来思考。"[3]

布莱克斯利（Blakeslee）继续论证："作为语言专家，左脑只以言语的方式思考；它擅长于每次一个步骤的逻辑顺序，而这正是语言的基础。由于右脑只以图像来思考，因此它在识别和操作复杂的视觉图案方面有着巨大的优势。"[4]

总之，左脑以"顺序"（in series）的方式运作，而右脑以"平行展开"（in parallel）的方式工作。左脑处理各个部分，而右脑考虑整体。丹尼尔·贝内特（Daniel Bennett）以下述方式总结了这一差异，他说到"全面的、时空的右脑半球［和］集中的、分析的、顺序的左脑半球。"[5]

很有可能右脑负责突破性的发现，从而避开了左脑按部就班的逻辑方法。有趣的是，阿尔伯特·爱因斯坦曾经说过："语言中的词语，无论是作为书面的，还是口头的，似乎在我的思维机制中都不起作用。"在1865年，弗里德里希·冯克库勒（Friedrich von Kekule）由于一个特殊的有机化学问题而搞得焦头烂额。答案就出现在梦中，他梦到一条蛇在咬自己的尾巴。这个来自右半球的灵感导致了如下的结论，即某些重要的有机化合物并不是开放的结构，而是封闭的链式或环状结构。沃森（Watson）和克里克（Crick）"绘出"了DNA的双螺旋结构，而余下的就是人尽皆知的历史。

右脑是直觉和灵感的所在地。这句话的意思是右脑半球有能力吸收一个问题的要素，这个问题或许已经被有意识地构想出来，或许还没有。存在着一个无意识的省思时期，这时右脑在搜寻新的连接，从而组合成一个崭新的整体。当这一切发生时，新的洞见就闯入了意识——即"有了！"（eureka）这样的体验。这就是创造性的本质。

在两个大脑半球的顶盖之下就是中脑，或者叫边缘区，这是情绪所在地。目前已知的是，右半球与边缘系统有着特殊的连接。

左右脑中互为对比的意识模式，以及右脑半球与情绪中心的特殊关系，使人类的大脑成为作出审美决定的理想装置。两个大脑半球以各自独特的方式处理信息，左脑半球将数据分解成各个组成部分，右脑半球将之重新组合，成为完全不同的整体，并且与边缘区直接交流，这就是审美体验的情绪维度。

影响审美判断的一个进一步的生物学因素是大脑的通路容量所加诸的限制。对于大脑所能处理的复杂性程度，有着相当准确的极限。

本节论证的圆满结束，可以追溯到20世纪70年代牛津大学解剖学家J·Z·扬（J. Z. Young）所做的预言性评论："对立与平衡的概念……以及黄金分割的概念，有可能是我们的大脑程序的基本结构的一部分，因为它们就是我们的身体结构。"[6]

大脑的程序

对于这一主题的心理-生物方法也认为，不仅仅是人类大脑的结构，而且也是某种根本的遗传程序，成为相信存在着形成审美体验的一种共同的"深层结构"这一信念的基础。有人认为，作出审美判断的能力就是某种〝后成规则〞（epigenetic rules）*的结果；也就是说，我们有着编制好程序的、实现审美愉悦的倾向，但是必须由体验来激活。对以下这一观点仍然有着反对意见，即有可能存在集体性的、基础心灵程序，用以形成审美感知，或许这是因为它意味着某种程度的管制，对个体的自由造成威胁。有人宁可忍受〝黑箱〞的生活。

此外，也有人认为，审美愉悦是一种反常现象，因为它似乎不能提供生存优势。而大自然是不可能有免费午餐的。我们如何将生存价值归因于对伦勃朗作品的体验呢？

史蒂芬·品克（Steven Pinker）在他的著作《心智探奇》（How the Mind Works）一书中斩钉截铁地说：〝就生物学因果论来说，音乐是没有用的。它没有显示出任何为实现一个目标而设计的迹象。〞[7]牛津大学的苏珊·布莱克莫尔（Susan Blakemore）在评论这一观点时，添加了一句：〝我们也可以认为，艺术也是如此。〞[8]

对这一观点的抗辩可以从加拿大学者唐纳德·贝利纳（Donald Berlyne）发展出的审美感知的生物学模式中看到，并且在他的著作《审美与心理生理学》（Aesthetics and Psycho-biology）中有所描述。[9]他认为，人类（和所有高等动物）的基本心灵程序之一，就是驱动我们去探索未知，以便扩展领地确定性（territorial certainty）的边界。我们处理不确定性和压力，是为了在我们的世界中实现更高水平的秩序。他得出结论说，艺术是作为一种〝以人为的方式〞创造出挑战的途径而发展起来的，以便于体验发现一件艺术作品背后的秩序时的奖励。莫尔斯·佩卡姆（Morse Peckham）支持这一观点：

> 艺术作为一种适应性机制，预演了那些对我们的生存来说至关重要的真实情境，使我们能够容忍认知的紧张状态……艺术是对容忍失去方向感的困惑（disorientation）的能力的强化，这样，真实和重要的问题就有可能浮现。[10]

我们还应当加上这样一句：〝容忍失去方向感的困惑，以便于实现更高水平的重获方向感（reorientation）〞。艺术的适应性益处就在于，它们是我们〝学习如何学习〞的一种工具。

如果将这一点牢牢根植于心理学语境中，那么，心灵拥有在审美反应中所涉及的三重驱动力。首先需要获得稳定的刺激流，以保持心灵的运作。实验已经表明，完全的感官剥夺，即便只有很短的时期，也会导致灾难性的后果。我们不仅仅需要这种持续的信息流入，也有必要面对新的信息：〝惊喜对精神健康和成长是至关重要的。〞[11]在这里，最初的

---

* 后成论（epigenesis）认为生物发生时是由简单的形态向复杂的形态发展，而构造是后生的。——译者注

驱动力可能是厌倦的情绪。我们接纳不确定性，以获得刺激，然后达到一个更高水平的确定性。

对于新的东西的体验的期待，产生了唤起的情绪，这与肾上腺素的产物有关联。这就是预期的情绪，期望不确定性——甚至是危险——的兴奋导致的*颤抖*（frisson）。

当高山被征服，或者问题得到解决，更深层次的情绪就发生作用。去唤起（De-arousal）的情绪包围着愉悦的情绪，因为已经实现了一个目标，将未知的边界向后推了一步。这就是为什么科学家解决了一个问题后会体验到愉悦感，这与从一件艺术作品中产生的审美愉悦没有什么不同。普安卡雷写道：

> 或许令人惊奇的是，看到情绪敏感性引发的相关的数学证明，看上去这似乎只能引起知识分子的兴趣。这恐怕就是要忽略对于数学的美、对于数字和形式的和谐，以及对于几何的优雅性的感受。这是一种所有真正的数学家都知道的、真实的审美感受。[12]

贯穿本书的核心主题在于，审美体验背后的基本原理就是复杂性（complexity）被有序性（orderliness）所取代。不协调（clash）是审美感知的一个重要组成部分。解决了不协调会释放出审美奖励（aesthetic reward）。在实现了一个目标之后，不论这个目标采取的是何种形式，压力的突然蒸发与哲学家称之为审美愉悦的微妙体验相关，然而，这种分类是条块分割式的。但是，与哲学家形成对比的是，我对于这一主题的方法是*包罗万象的*（*inclusive*），而不是排他的。

大笑和愉悦感，包括审美奖励，其生物学益处在于，通过降低应激激素皮质醇的水平，抵消了唤起情绪和压力的生理后果，接下来就提升了我们的身体系统中的免疫球蛋白水平。换句话说，它促进了免疫系统。艺术不仅仅是一张用做摆设的漂亮脸蛋。

谈论"审美感知"不仅是合情合理的，我们还要更进一步，并且声明，这就是人类需要这种审美养分（aesthetic nourishment）作出的家常便饭的特征。人们以无限多样化的形式摄取这种影响，其中只有很少数可以被视作"高端"艺术。人们对审美养分的口味是"天生的"（hard-wired）——换句话说，是基因遗传的共同因素。个性作为对不同的审美表达模式的回应可能性而浮现出来。这是一种直觉能力，可以通过发展出对美的分析性方法，以及整体视角的能力而得到强化。我们可以一方面发展出对形式和结构的近距焦点分析（close focus analysis）的技术，另一方面将自己退远，正如蒲柏（Alexander Pope）*所说的那样，以便于"看到事物的整体"。

---

* 蒲柏，1688—1744 年，英国著名诗人，杰出的启蒙主义者。——译者注

缔结连理（Tying the knot）

所有这一切是如何组织在一起的呢？

人类心灵内部最强大和持久的驱动力之一，被导向了发现知识的新模式。我们可以引用泽基的话：

> 大脑有一个任务，这就是获取关于这个世界的知识，并且还有一个问题要超越，那就是这种知识并不容易获取，因为大脑必须提取关于本质的信息，即这个视觉世界不变的方面。[13]

随后他做了一个大胆的概括："因此，我要将艺术的功能定义为一种对于恒久不变的状态的追寻，这也是大脑的最基本功能之一。"[14]

"恒久不变的状态"不仅可以等同于知识，而且也可以等同于模式，因为模式有可能被定义为在设定的边界内元素的重复率，超出在更广泛环境内随机事件的重复几率。心灵在获得安全性的任务中，寻找"稳定性模式"（stability patterns），以作为感官刺激的瞬息万变中的不变常数——从昙花一现中提取不变的要素。类似地，知识产生于发现各不相同的数据之间的连接，以创造出信息的有意义模式，也就是形成稳定常数的模式，或者说不确定景象中的稳定区域。泽基所指出的在于，艺术的主要功能就是揭示支撑着生活快速发展的事件中的秩序和恒久不变的特质，它使我们能够从偶发事件的洪流中抽身而退，去省思 T·S·艾略特（T. S. Eliot）所说的"旋转的圆上那个静止的点"。

我们能不能再进一步，认为知识等同于和谐呢？获取知识意味着对于新的真理的领会，它代表着秩序的新模式从随机信息的复杂性中产生出来。这是可行的，因为它创造了现有信息模式之间的关联，也可以说这回应了杰拉德·曼利·霍普金斯（Gerard Manley Hopkins）的观点："差异调节着相似性"（likeness tempered with difference）。因此，对知识的获取与对和谐的感知有着类似性——秩序超越复杂性，从而以其独特的简洁性建立一个新概念。

这就是我们的意识功能分离（divided consciousness）机制，使人类能够一方面如此成功地获取知识，另一方面创作出如此永恒的艺术作品。当然这是同一个硬币的两面。左脑搜寻经过分类的信息单元，这些信息本身只有极少的价值。右脑在信息流之内寻找共同的要素。一旦成功，其结果就是产生新知识、或技术进步、或艺术作品。人类大脑的创造性倾向在于两个大脑半球的互补性运作。人们甚或可以说，所有的知识和所有的艺术都是大脑中互为对比的要素之间协同作用的结果。我们渴求对和谐的新的明证，或许这就是为什么数以百万计的人在历史城市度假，在短期内用一种城市生活的形式换取另一种形式。历史城市在一个宏大的尺度上满足了审美需求。这是因为在进化的道路上的某个阶段，我们发展出一种神赐的、对现状的不满。我们或许已经遭遇了狡猾的普罗透斯这变幻无定的海神了。

参考文献

1 Semir Zeki, *Inner Vision* (Oxford: Oxford University Press, 1999), p.1.

2 由 J. Z. Young 引用，*Programs of the Brain* (Oxford: Oxford University Press, 1978), p.240.

3 由 Thomas R. Blakeslee 引用，*The Right Brain* (London: Macmillan, 1980), p.6.

4 Ibid., p.10.

5 Daniel Bennett, *Consciousness Explained* (Harmondsworth: Penguin, 1991).

6 Young, *Programs of the Brain*, p.243.

7 Steven Pinker, *How the Mind Works* (Harmondsworth: Penguin, 1998), p.528.

8 Susan Blakemore, *Scientific American* (October 2000).

9 Donald Berlyne, *Aesthetics and Psycho-biology* (New York: Appleby Century Crofts, 1971).

10 Morse Peckham, *Man´s Rage for Chaos: Biology, Behaviour and the Arts* (Philadelphia, Pa.: Chilton Books, 1965).

11 G. A. Miller, *Psychology, the Science of Mental Life* (London: Hutchinson, 1964).

12 由 Arthur Koestler 引用，*The Act of Creation* (London: Hutchinson, 1964), p.147.

13 Zeki, *Inner Vision*, p.12.

14 Ibid.

第 3 章

变幻无定的因素

在 20 世纪 90 年代,人们对所谓"普罗透斯那样变幻无定的行为"(protean behaviour)的兴趣与日俱增。普罗透斯是希腊神话中的一位海神,他能够以无法预测的方式改变自己的形状,从而常常智取敌人。这就是不可预测性被证明与希腊神话相关的方面。从自然选择的角度来说,能够变幻莫测地行动,使行动难以预测,似乎是具有优势的。人类已经发展出不受羁绊地思考的能力,以获得竞争优势。有人争辩说,这已经成为人类发展和创造性的一个主要因素。其根源在于所谓的"马基雅维利智能"(Machiavellian intelligence)*,这指的是预测他人行动、从而操纵他人的力量。

创造性取决于跳脱公认模式并做出非线性关联的能力。它与"横向思维"(lateral thinking)有着密切的联系,正如爱德华·戴勃诺(Edward de Bono)在 20 世纪 70 和 80 年代所描述的那样。在接收这一端,审美感知或许部分是在竞争性情境中、对他人无法预测的行为快速调整能力的发展。审美感知涉及不断改变参照系,以便能够从第一眼看上去似乎是随意和奇怪的东西背后发现潜藏的逻辑和有序性。艺术发展背后的选择压力之一,或许是作为发展思维敏捷性(mental agility)的一种机制;一种面对新鲜和惊奇时,能够改变思想的能力的预演方式。

这就直接导向每当我们面对艺术和建筑对常规的相当根本性偏离时会发生的心灵震撼(mental shake-up):"新艺术的震撼"(the shock of the new)**。正是这种变幻无定的因素使我们能够调整我们的心灵模式,以包容这种艺术和建筑对我们的新的唤起。正因如此,它是审美感知机制的重要组成部分。

---

* 又叫权术智能。——译者注

** 20 世纪 80 年代,英国广播公司(BBC)的著名八集电视系列,主要介绍现代艺术。——译者注

审美和认知

感知过程的第一步涉及将新的信息与组成了我们过往经验的积累的全部进行对比，这些经验组成了我们对于这个世界的心智地图（mental map）。尼古拉斯·汉弗莱（Nicholas Humphrey）是第一个提出这种过程可能会产生某种形式的审美响应（aesthetic response）的人之一，因此将认知扩展视作审美阶梯的第一个梯级是合适的。使新的信息适应于我们对于这个世界的心灵模式的需求，是当我们遇到一个不熟悉的物体时首要考虑的优先事项，例如当我们遇见一座建筑或整个城镇的时候。只有当心灵的重新分类这一常规事项完成的时候，审美感知的第二个层次才开始切入进来，这就是大多数艺术史学家和哲学家认为是艺术的真正范畴的层面——也就是说，对于一个物体的形式属性的感官反应。

为了理解审美活动的这第一个层面，我们必须简要讨论一下记忆的机制。对于记忆的组织方式还有许多尚待发现之处，但是目前的发现已经足够了解形成审美关联的机制。每当心灵参与到回忆被储存的信息这一过程时，就被认为是审美的认知方面。

可以说，在过去的两千年里一直都有著述在探讨这个观点。20世纪的最后十年见证了建筑活动的加速发展。这与第一个千年结束时的情况形成了对比，当时教堂的建造在对世界末日的预期中逐渐消失。这就意味着，尤其是城镇居民正在面对着城市景观越来越快速的变化。他们不得不经常调整他们的心智地图，或者说城市图式（urban schema）。假使变化的步调没有超过心灵作出必要调整的能力的话，这是有益处的。

现代记忆理论的先驱之一是F·C·巴特利特（F. C. Bartlett），他在20世纪20年代争论说，尽管记忆是以顺序的方式储存的，但是它们以一个连贯的整体（cohesive whole）发挥作用。他使用"图式"（schema）这个术语来描述记忆信息的单一整体（unitary mass），以技术术语来说，就是在单一的大类之下连接在一起的、一系列记忆"节点"（nodes）。把这种"节点链接的结构"（node link structure）概念运用于建筑和城市布局，我们就以顺序的方式在记忆中登记（register）了建筑物和场所，然后这些依次形成的体验聚合起来，形成了我们关于建成环境的图式，从而产生了新体验得以进行判断的依据。

在这种图式内，有着与建筑类型或城市形态相关的无数分类。居住在一个有秩序和可预测的世界中的需要，产生了将事物分类的强烈愿望，首先分成宽泛的类别，其次在这些类别内进一步分成更精细的细分。例如，在"教堂"这一标题下的分组包含了对于这种建筑类型的体验总和。对于这种概括化的分组的正式术语是"记忆型"（mnemotype），这个词语来源于希腊记忆女神摩涅莫辛涅（Mnemosyne）。这个术语由H·F·布卢姆（H. F. Blum）在 1963 年杜撰而成。[1]

我们面对一座新建筑时，是依照对同一个大范畴内的建筑的过往体验整体来进行判断的。如果新建筑被一般地识别为可归入记忆型范畴，那么该记忆型就会得到调整，以容纳这座建筑中的新要素。记忆型可以被视作带有可调节边缘的模板。每一种新的建筑体验都微小地改变了我们对于建筑整个范畴的感知，这种方式与 T·S·艾略特认为的、每一首新诗都改变了诗歌的整体是同样的。然而，当一座自己声称属于某个既定记忆型，但是从根本上改变了这一模板的形状的建筑，常常招致敌意，被当做逾越常规而遭拒绝。这一现象就是阿尔文·托夫勒（Alvin Toffler）的权威著作《未来的冲击》（Future Shock）的核心主题。[2]

这种心灵程式如何有资格被纳入审美体验的大范畴之内呢？因为它涉及同样的驱动力，产生同样的情绪，这些对于审美体验来说都是核心的。在拉姆斯登（Lumsden）和威尔逊（Wilson）合著的《基因、精神与文化》（Genes, Mind and Culture）一书中，他们声称：

> 人类心灵的运作包含了
> 1 概念的产生；
> 2 对世界的不断改变的重新分类。[3]

对世界的不断重新分类不仅仅是一种反应性的活动；人类的心灵是积极主动地寻找能够促进逐步重新分类的体验；"惊奇是至关重要的……"

这就是认知适应（cognitive adaptation）的本质：对于环境的心灵模式的不断调整，以实现期待和现实之间的更恰当的适应；将未知的边界向后推一步。它之所以起作用是由于一旦我们调整和扩展了记忆型和图式以容纳新信息时，我们能够获得精神奖励（mental reward）。

建筑是文化变迁的高压锅。这是因为，建筑作为人工制品，体量巨大且不可避免。它们常常凭借挑战公认规范而扩展了心灵，因此增进了心理学家所说的"最优的感知率"（optimum perceptual rate）；换句话说，就是我们对于新鲜和惊奇的事物的适应能力。对传统建筑类型的新诠释最初都有可能产生痛苦。

对于很多人来说，20 世纪 70 年代最具挑战性的建筑就是由皮亚诺（Piano）和罗杰斯（Rogers）设计的巴黎蓬皮杜中心（图 1）。这一建成的作品导致抗议声蜂拥而至。它破坏了对于一座地位显赫的公共建筑的所有先见；这并不是巴黎所期待的、关于一座美术馆应当是怎样的预期。最近这座建筑得以翻修，现在成为巴黎最受欢迎的建筑，甚至大大超过巴黎圣母院。这是因为人们逐渐开始欣赏它，认为比传统美术馆在愉悦和娱乐性方面提供的多得多。它远不是一个悬挂绘画作品的空间。那些体验过这座建筑的人就有了一个大大丰富的"美术

图 1
巴黎的乔治·蓬皮杜中心

馆记忆型"。

　　伦敦人也有他们自己对于暴露在"未来的震撼"中的体验,那就是当理查德·罗杰斯把同样的工程/美学逻辑依据运用到伦敦市的劳埃德(Lloyds)总部大厦时。这座建筑同样也面对抗议的呼吁,但是现在得到了人们的赏识,因为它在一个可预期得多的建筑群体之内增添了活力。

　　在本书写作之时,来自罗杰斯机构的最新建筑是位于加的夫湾的威尔士国民议会大厦(图 2)。它从根本上背离了这类建筑的范式,因为从概念上它着力象征了开放的政府。这座建筑有望为该市增添真正优雅的一笔。

图 2
威尔士国民议会大厦

最近几年在建筑界最大胆的实践机构之一是艾尔索普和斯托默公司（Alsop & Stormer），先前叫做艾尔索普和莱尔公司（Alsop and Lyall）。在作为后者这个名称的时期里，这些建筑师用他们设计的、令人惊讶的法国马赛政府总部——"碧海蓝天"（le grand bleu），突破了恶名的界限。它让我们以一种全新的目光去看待地方政府办公楼。引起令人愉悦的惊奇的另一座公共建筑是刚刚竣工的伦敦佩卡姆区图书馆（图3）。从剖面上看，这是一个倒转的大写字母"L"，建筑为公共事件提供了有顶盖的空间，而其色彩丰富的立面为伦敦最了无生趣的部分之一增添了乐趣。

建成环境中最保守的部分是投机性质的住房建设。目前，英国正处在"追溯既往的时尚"（retro-chic）时期，尤其是在改造充满怀旧色彩的、都铎王朝黄金时代的住宅方面。

因此，类似位于伦敦萨顿自治区的零能耗住区（参见第 156、157 页）这样的住宅，还需要假以时日才能得到公众接受，尤其是因为它不仅是建筑创新，也是一项社会实验（图 139、图 140）。

目前与突破传统模式最相关的建筑师是弗兰克·盖里（Frank Gehry）。他的反重力形状，正如在沃特·迪斯尼音乐厅（Walt Disney Concert Hall）所看到的那样，倾向于跨越了从建筑到雕塑的边界。作

为艺术的栖居地的雕塑，在位于西班牙毕尔巴鄂的古根海姆博物馆（图93）的设计中达到极致。尽管建筑形式是大胆的，但是得到了广泛的赞誉，或许这是因为它在建筑容器和其容纳的内容之间创造了如此鲜活的对比。或许它也标志着对于建筑创新的容忍度的一个新时代。人们对于维也纳市民对百水先生（Friedensreich Hundertwasser）的创作的温和态度还能如何解释呢！（参见第16章，图126、图127）

这些只是挑战现状的建筑的几个例子，我们需要它们来使我们的心灵保持活力。由于我们最终将之同化到我们对于城市形态的图式中，所以我们体验到来自克服障碍并扩展我们的知识库（knowledge base）而

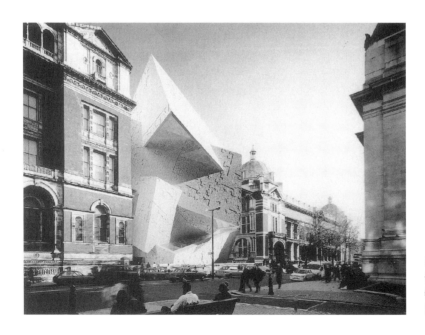

得到的愉悦。这就是一种触及审美愉悦的边缘的体验。

　　看看公众对于丹尼尔·里伯斯金（Daniel Libeskind）在伦敦维多利亚和阿尔伯特博物馆（Victoria and Albert Museum，图4）锅炉房基地插建的反应，将是一件很有趣的事。

参考文献

1　H. F. Blum, ´On the Origin and Evolution of Human Culture´, *American Scientist* 51,1 (1963), pp.32-47.

2　Alvin Toffler, *Future Shock* (London: Pan Books, 1972).

3　C. J. Lumsden and E. O. Wilson, *Genes, Mind and Culture* (Cambridge, Mass.: Harvard University Press, 1982), p.5.

第 4 章

探索和谐

　　美的观念的核心是和谐这一概念，这是一个我们很随意地就用在与建筑有关的场合的词语，但是它来源于音乐。在上一次战争后的数十年间，我们因下述事实而深受其害，即规划者误解了和谐的真正意思。他们把这个概念理解为一致性（conformity），甚至是千篇一律（uniformity）。所以，我们就有了这些战后重建的、以波特兰石材作为表面材料的单调街道，例如在普利茅斯（图 5）、或设菲尔德，以及早期米尔顿·凯恩斯的简洁到素朴的建筑风格。

　　假使这些官员认识到和谐在音乐术语中的含义，情况或许会变得好得多。例如，在 G 大调的主和音中，在音符波形之间有着相当程度的不

图 5
20 世纪 70 年代普利茅斯的乔治大街

协调，但是，重叠率，或者叫同步水平超过了不协调的程度，所以秩序在分量方面成功地超过了复杂性。在这种情况下，和弦就体现了秩序和混乱之间的原型抗争。

重要的是在协和音程与不协和音程之间存在着相当程度的冲突。*和谐包含了不协和音程，但是同步性（synchrony）胜过了冲突。*

这一理念至少要回溯到中世纪学者伯伊提乌（Boethius）*那里，他将协和音程或和谐定义为"自身不相似的声音的和谐统一（unified concordance）"。[1]

即使是单个音符，也有着和谐方面的重要意义，当我们比较以电声方式发出的音符和从小提琴发出的同一个音符，就会明显地看出这一点。前者是平淡无味的，而后者是声音组合的产物。属音（全音阶中的第五个音）（dominant note）叫做基音。然而，其他出现的音符叫做"泛音"（harmonics）**，它们以数学比率的方式与基音产生关联。我们所听到的音符包含其他间隔了八度、五度和四度音程等的音符。它们可以被有意识或无意识地感知到，但是，声音的丰富性在于基音及其泛音之间撞击（clash）的结果。

与此相反，"根据两个频率波形无法重叠的程度比例，不和谐音占据了优势"。[2]

歌唱家和乐器演奏家都避免发出一个持续的、纯粹的音（perfect note），正相反，他们会选择轻微的颤动效果。这就涉及主音（main note）和略微低一点的音调之间的振荡，从而产生颤动的效果。我们再一次看到，这是通过引入一个不和谐的元素而增添了复杂性。只有当振荡如此明显，以至于在哪一个是真正的音符问题上产生困惑时，这种情况才变得令人感到不愉快。未决的不确定性使心灵产生厌恶的感觉。

最后一点，这种现象的一个变体就是混响。在大教堂里演奏的音乐有着独特的吸引力，因为建筑物有着很长的混响时间。这就意味着，一个音符或者和弦与强度衰弱下来的之前的一个音发生碰撞，这要根据空间的混响时间而定。例如，利物浦圣公会大教堂（Liverpool Anglican Cathedral）的混响时间达到大约 8 秒，这可以被地球上规模最大的管风琴所利用，产生无与伦比的效果。回声现象增添了又一重复杂性，其中秩序必须获胜。旋律线（melody line）是主导性的，但是其和弦与强度衰减的、先前的和弦仍然存留的片断发出的声音进行着抗争。结果是一定程度的不一致或不和谐，为体验增添了相当程度的刺激。对于托马斯·塔

---

* 伯伊提乌，罗马后期哲学家、政治家和音乐理论家，著有《音乐原理》，用数学语言表述音乐的一些基本原理及术语。——译者注
** 在英语中，泛音的词根与和谐的词根是相同的。——译者注

利斯（Thomas Tallis）*来说，在大教堂演奏所具有的丰富性是音乐厅或录音棚无法体现的。

在所有的作曲家中，J·S·巴赫因在作品中包容了秩序与混乱之间的原型抗争，而成为这一领域的先例。例如，在 C 小调帕萨卡利亚与赋格中，低音部缓慢而有节奏的赞美诗曲旋律不得不穿越高音部台阶状的音符而奋力前进。旋律赢得了抗争，但只是在英勇斗争之后；这就是美学原则的缩影。一种类似的、重复旋律的模式以查尔斯·艾夫斯（Charles Ives）令人惊讶的作曲形式，大大破坏了 19 世纪的传统风格。

在调性领域，一部音乐作品代表了和弦及旋律的独特模式。一开始听到这部作品时，它是不可预测的。然而，它遵循着形式和调性的常规。有人曾经这样说莫扎特，即他的天才在于打破当时的规则的方式，通过与不和谐抗争，使调性的边界提高了半音，正如在“不和谐音”（Dissonance）弦乐四重奏中展现的那样。在这部作品中，莫扎特将秩序和复杂性之间的创造性撞击提升到了新的高度，扩展了美的可能性的边界。

如果音乐完全与调性的基本法则决裂的话，我们得到的就是随机性，因此就没有机会感知任何模式中所包含的秩序。当一件艺术作品蔑视所有揭示任何潜在秩序性的努力的话，其结果是，对大多数人来说，就是丑陋的，将对其嗤之以鼻。

从另一方面来说，严格的对称模式无法激发审美反应，因为它缺少最低限度的、需要解决的不可预测性或复杂性。在音乐中，八度音程不会形成和谐，因为这里不存在波形之间的不一致；它们纯粹属于 2:1 的模式。心灵需要面对挑战，以整理出能够证明值得获取伴随战胜不确定性而来的奖励的模式。换句话说，当我们感知到混乱背后的法则时，我们就接受了因实现小小的针对不确定性和混乱的胜利而来的情绪补偿；一种生存的获益（survival benefit）。这就是和谐的原则——秩序超越复杂性，“多元性之内的统一”（unity within multiplexity），“差异调节着相似性”。[3]

哲学家赫尔巴特（Herbart）在 1808 年说过类似的话：“以品味之名构想出的那些判断，就是对充分理解了元素的复杂性所形成的关系带来的结果。”[4] 这里的“关系”指的是模式的关联。

关于和谐的诸多定义编织出一根不间断的线，一直可以回溯到古希腊时期，他们相信，美的本质在于复杂性和秩序之间的碰撞。人类心灵被调节成能够从带有明显的随意性的环境中识别出模式。当我们看到模式从无序中浮现出来时，我们就得到一种特殊的奖励，自从 18 世纪以来，

---

* 英国文艺复兴时期著名作曲家，为早期的圣公会创作了大量经文歌，被誉为英国早期作曲家中最杰出者。——译者注

这就被称作"审美愉悦"。我们要归功于鲍姆加登（A.G.Baumgarten）[*]，他发明了美学的概念，并且总结其意义如下："丰富性或多样性……与明晰性结合"。[5] 他或许曾经受到莱布尼茨的影响，后者将追求完美的驱动力定义为这样的愿望，"尽可能获得多样性，但是带有一个人可以实现的、最高程度的秩序"。[6]

塞缪尔·泰勒·科尔里奇（Samuel Taylor Coleridge）在谈到创造性想象的力量时说道，它"从对立面或不和谐的品质之间的平衡或和解中、从带有差异的同一性中、从带有具体性的普遍性中、从对旧的和熟悉的物体产生的新颖而新鲜的感觉中彰显出来"。[7]

定论就要引用唐纳德·贝利纳的话：

> 所有知识追求的目标，包括科学、哲学和艺术（也包括建筑艺术）就是为了在多样性中寻找统一性，或者说在复杂性中寻找秩序。终极目标是使各式各样的要素适应于某种简洁的、一致的、可理解的程式（scheme）。[8]

无可否认的真理是，审美奖励只有当经过了一定*程度的*努力之后发现模式时才紧随而来。审美奖励的理念，对于大多数人来说，与和谐的概念有着密切的关联。还有一些人对于这些联系存有异议，但是通常他们效忠于哲学的立场，藐视对美的正常直觉性反应。

审美与不可避免的变量（unavoidable variables）

尽管本书的主要目的在于找出影响审美判断的常数，但是，我们也需要承认不可避免的变量的存在，一个主要的变量就是我们在其中运作的文化的哲学趋向。

"模式产生于无定形性之中：这就是生物学中的基本的美。"[9] 大自然中"统一性和非统一性之间"，者说"稳定性与不稳定性力量之间的抗争"，与精英文化的两极特性是平行的。艺术是人性的反映，或者更准确地说，反映了心灵的特性。在西方文化的演进中，存在着在文化对立面之间的明显摆荡。在一个极，存在着建立严格的秩序性、消除模糊性和不确定性的驱动力。这反映在一个由规则围绕着的社会，这些规则调节着社会行为，也调节着艺术。在英格兰，这就是 18 世纪的时期，当时这种思潮处于优势地位。当时最遭受痛斥的词语就是"热情"（enthusiasm），因为这暗指着个人无法控制的行为，带有不可预测的后果。这就是英国文学的"奥古斯都"（Augustan）时代，之所以如此命名，

---

* 鲍姆加登，1714—1762 年，德国哲学家，教育家。——译者注

是因为这个时期致力于竭力仿效奥古斯都大帝黄金时期的价值观。

在法国，宫廷画家勒布伦（Lebrun）以铁棍政策掌管着艺术领域。在文化史术语中，这被描述为古典形制（Classic pattern），从古希腊和罗马时期寻找灵感，这一点是毫不奇怪的。

古典主义的驱动力倾向于向后看，在这一过程中，将过去理想化。

古典主义思潮的对立面是浪漫主义，通常是作为对古典主义压抑氛围的回应而出现的。浪漫主义大旗颂扬从规则中解放出来，以及个人超越群体的重要性。它也有其根本性的迷思——在这个思潮中就是田园牧歌的神化。如果说古典主义的黄金时期是城市的，那么浪漫主义就是乡村的，因此成为自然派诗人，如华兹华斯，以及倡导"回归自然"的哲学家，如卢梭，的肥沃土壤。自然被理想化了，但是并不是以精修细剪的方式，而是被视作令人敬畏的和崇高的。在浪漫主义时期，强调的是创新和冒险。这就是在艺术中实现许多突破的时期。[10]

从心理学的观点来看，古典主义和浪漫主义的驱动力是心灵的两个基本组成部分，而正是这种彼此相关的力量在相当程度上决定了我们的个性。它们代表着精神需求的两个极：一方面，是宁静和隐退，及将自我淹没在群体中的愿望，而另一方面，是对于兴奋、挑战和参与的渴望。

展开这一解释的理由在于，艺术的演进一直都以古典主义 - 浪漫主义之间的振荡为特征的。我们评判艺术的方式，尤其是建筑艺术，大大受到所处时代的文化趋向的影响。我们所作出的评判是经过了主流文化价值观的过滤的。

所有这一切的另外一面在于与自然生态系统之间划出了一条平行线，即为寻求支配地位的持续张力和抗争。人们可能会争辩说，无论哪一种文化，当其处于高峰的时期，就是当古典主义或浪漫主义的推动力实现了主导地位，但是它们处于保存次级地位的活力界限之内。

我们可以将驱动文化振荡的张力与大自然中各个要素的情形相比较，在大自然中，这是受到"放大了差异的力量……以及抑制它们的力量"[11]之间的张力所驱动。在这里反映出人类大脑的意识互补模式。浪漫主义因那些使整体更为丰富的差异而倍感愉悦；古典主义驱动力则倾向于抑制它们。

大自然中的系统受制于这些力量所形成的内在张力，当一个系统跨越了稳定性临界值时，模式就浮现出来。它必须由这种足够远离对称的张力所驱动，然后模式才能开始出现。秩序和对称的力量为了维护自己的地位，与复杂性和非统一性的力量进行抗争，直到它们再也支持不住，对称性就被打破的模式所取代。

大自然基于这样的原则运作，即秩序参与到了与复杂性的永恒抗争之中，这一观点反映了那些可以追溯到古希腊时期、关于美的定义。柏拉图认识到，"人类理性的一个特征就是在多元性中寻找统一性"。[12]

对于亚里士多德来说，美在于认识到"不相似之中的相似性"（similars within dissimilars）。在中世纪，托马斯·阿奎那（Thomas Aquinas）说的一段话恰如其分：

> 在经过了理解事物的漫无目的的劳作之后，智者因发现……秩序和整体性而感到愉悦……美就是当它被发现时感到高兴的东西，并不是因为不费吹灰之力而直觉到的，而是因为通过努力最终取得胜利……我们从获取的知识中汲取快乐，因为我们克服了这条道路上的重重阻碍……[13]

参考文献

1 *De Institutione Musica* 1.8.

2 'Tonal Consonance and Critical Bandwidth'，*Journal of the Acoustical Society of America*（1965），pp.548-60.

3 Gerard Manley Hopkins，Catholic priest and influential Victorian poet.

4 J.F.Herbart，*Allgemeine practische Philosophie*（Göttingen：Danckwerts，1808）.

5 A.G.Baumgarten，*Aesthetica*（Kunze，1750）.

6 Gottfried Wilhelm Leibniz，*La monadologie*（1714）.

7 Samuel Taylor Coleridge，*Biographia Literaria*（1817）.

8 Donald Berlyne，*Aesthetics and Psycho-biology*（New York：Appleby Century Crofts，1971），p.296.

9 James Gleick，*Chaos*（London：Sphere Books，1987），p.299.

10 关于这一主题的权威性著作之一是 Jacques Barzun 的 *Classic，Romantic and Modern*（London，1961）.

11 Mark Buchanan，'Inside Science'，*New Scientist*（19 June 1999），p.3.

12 Plato，*Phaedrus* 249b.

13 Thomas Aquinas，13 世纪的神学家和哲学家。

第 5 章

从和谐到混沌

从表面判断，这种跳度实在太大。但是，事实上，和谐与混沌理论之间的联系把我们引领到审美感知的核心，从形式层面上来说，除了认知意义之外，它与建筑中的各种形状、色彩、色调和肌理彼此互动结果的*品质*相关。审美感知涉及的是一种以相当特殊的方式看待或许可以称作"整体"（holistic）景象的东西。它常常采取意志行动，从细节中后退，以便吸纳更宽广视角的全体。

在建成环境中，形式美可以分解为两个主要的专题：*被定义为"统一多样性"（coherent diversity）的模式，以及比例理论。*这些主题反映了在通过感官达到大脑的持续刺激流上加诸秩序这一心灵的任务中的一些相互重叠的心理驱力：

- 为当下的环境构建一幅心智地图的需要。
- 有必要创造相关联的数据模式，以减少对大脑存储容量的需要。
- 发现挑战的强烈愿望，以便获得到达到被感知的世界中秩序性新高度所带来的奖励体验。
- 在大脑所承担的、创造一个有序世界的任务中，最适宜的策略是找出二元组合或者叫做"配对物"（sets），以便在这种伙伴关系中确立主导和次要之间的明晰性。这就是二元和谐（binary harmony）理念的本质，也是良好比例的基础，以及本书第 2 部分的主题。

模式识别，以及将对立面结合到一个平衡的整体中，这些就是审美体验这枚硬币的两面。

确定模式

正如前文所述，本书所关注的并不是生物形态学意义上的形状，而是探究大自然的基本原则如何影响我们将审美价值赋予建筑和城镇景观的方式。

人类的心灵从遗传方面调整到能够在到达大脑的复杂感官刺激流之内，找出相似点，因为模式（pattern）意味着重复。模式就是一种将一系列信息"形成组块"（chunking）的方式，这样它就占用更少的注意空间（attentional space）。美国人最初对这个词语的使用，是用来描述在长期记忆中一组相互关联的象征符号，这些符号能够被单个的"块符号"（chunk symbol）所概括。这是一种将数据归档的方式，这些数据有着足够的共同特性，可以归属于同一个标题。心灵越是能够以这种方式来储存信息，就有越多可用的自由容量来处理新鲜和惊奇的事物。然而，我也改变了"组块"这个词的用法，使之能够表述对一个有着大量共同特征的场景内的建筑物或建筑特征进行汇总，以便达成一个审美判断的感知过程。那么，我们所说的"模式"是什么呢？

非线性动力理论或者叫做混沌理论能够对我们基于模式概念来理解建筑和城市规划中的审美价值提供洞见。这里有两种模式：一方面是统一和对称的；另一方面是破碎的、或不连贯的。在大自然中，通常后者是显而易见的。现在人们能够理解，大自然中的模式而非来源于化学物质或基本粒子的局部属性，而是来自普遍存在的原则。模式"与其说是一系列物理现象"的结果，还不如说是"一系列数学深层现象"的结果。[1]艾伦·图林（Alan Turing）发明出一个公式。来确定老虎斑纹的模式分布。

在另一种情况下，金兹堡 - 朗道方程（Ginzburg-Landau equation）描述了在化学系统、超导材料、心肌活动、甚至变形虫集群的形状等现象中的模式形成方式。

少数几个模式形成方程成为大自然中大量令人眼花缭乱的模式的基础。它们确定了产生于"统一性与非统一性之间的抗争"的"有序参量"（order parameter）*"……只存在几种抗争的范畴"。[2]

数学家伊恩·斯图亚特（Ian Stewart）教授曾经说过：

> 人类心灵中的某些东西被对称所吸引……然而，完美的对称是重复性的，并且是可预测的，而我们的心灵喜欢惊奇，所以我们常常认为不完美的对称比精确的数学对称更美……大自然似乎也不满意于太多的对称性。[3]

这一观点得到卢瑟福·阿普尔顿实验室（Rutherford Appleton Laboratory）的弗兰克·克洛斯（Frank Close）的回应：

> 无论我们细察生命、宇宙或任何事物，我们看得越深刻，就会出现越多的不对称。实际上，不对称似乎对于任何事物变

---

* 简称序参量，是描述与物质性质有关的有序化程度和伴随的对称性质。——译者注

得"实用"而得以存在是必需的。[4]

所以，"自发对称性破缺"（spontaneous symmetry breaking）*似乎成为大自然的潜在原则。正是对立的力量之间的这种张力产生了大自然的模式。"只有当一个系统跨越了*稳定性阈值（stability threshold）*时，模式才会浮现：它必须被驱动到足够远离均衡，然后模式才开始出现。"[5]

所谓的大自然对太多对称性的不满意，把我们直接引导到相对近期的混沌理论领域。有一点需要解释一下，因为混沌理论并不是通常人们所理解的关于混乱的理论。

这个理论是由爱德华·洛伦茨（Edward Lorenz）在试图对天气的演变进行建模时偶然开始构建的理论。他在方程的输入数据中忽略了小数点后第四位数字，接着，他预期这不会对结果产生有意义的差异。实际上，在相当短时间的运算之后，他就发现差异是巨大的。这就产生了充满诗意的"蝴蝶效应"概念：一块大陆上微小的振动，导致另一块大陆上出现风暴。这使他得出结论，即从理论上来说，复杂的动力系统能够被充分理解，但是，事实上，在这样一个系统之内活动特征的数量实际上是无穷尽的，因此是混沌无序的。大自然是一个整体的动力性系统，而所谓的"蝴蝶效应"是对混沌理论的大众化隐喻。

为什么这样的系统被描述为混沌的，是因为它们受制于来自无穷多影响因素持续不断的正反馈，正因如此，它们是非线性的。微小的差异被极度地放大了，使得预测成为不可能，正如所有天气预报所证明的那样。

混沌原则在大自然中随处可见。一种可以理解的反应就是，将美和混乱看做是对立面，正如秩序性与随机性一样。实际上，混沌理论所发挥的作用是在二者之间架起了桥梁，因为它描述了一种有着明显随机性的状态，这种随机性的背后有着法则作为其基础。与此同时，从这种定义上来讲，混沌意味着，"遵循简单法则的系统呈现出令人惊讶的、复杂的表现方式"。[6]这就意味着混沌模式可以有着随机性的外表，然而由相当基本的法则所支撑：即带有方向的随机性。

一套简单的规则能够产生高度的复杂性，这一想法首先由海里格·冯·科赫（Helge von Koch）在19世纪提出来。通过把一个等边三角形叠加在一个更大的等边三角形的中间三分之一处，与此同时，把中间三分之一的底线擦除，重复这一过程许多次之后，你就会得到一个极为复杂的图形，当然我们可以理解，这个图形就叫做"科赫雪花"（Koch

---

* 在物理学中，当一个关于某种对称群的对称性系统进入非对称真空态，就说发生了自发对称性破缺。此时，这个系统的行为不再具备对称性特征。这是一种普遍的自然现象。——译者注

图 6
科赫雪花

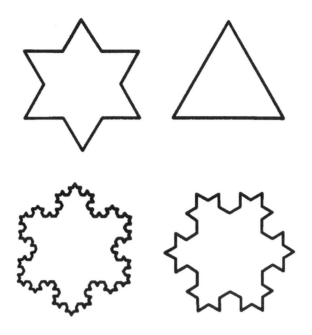

snowflake)（图 6）。

随着计算机在 20 世纪 70 年代的发展，这一概念得到了进一步研究，尤其是伯努瓦·芒德布罗（Benoit Mandelbrot）所开展的研究，他探究了分形几何的复杂性潜力。"芒德布罗集"（Mandelbrot set）（图 7）现在成了数学的图标之一，它证明了遵循简单的法则能够产生无法预测的模式，直到永无止境不断缩小的尺度。这就是以秩序为基础的复杂性的终极数学表达。分形是由连续不断地重复运行一个方程、然后将结果输入回其自身而产生的，这也叫做"迭代方程"，这样输出就变成了输入。其结果显然是混乱的，但是在混乱的底下有着秩序。约翰·布里格斯（John Briggs）将其联系到艺术："艺术家始终都在探索那可以被称作是'存在

于不确定性中的秩序′的东西，并且赋予其价值。″[7]

从科赫雪花片概念衍生出的最新研究进展可以在″混沌逻辑″占据主导地位的机器人技术的发展中看到。机器人的程序编制中仅涉及数量有限的规则，再加上学习的能力。从这些规则中，可以衍生出许多无法预测的行为模式。

需要强调的一点是，大自然中极为丰富的多样性就是一些非常基本的法则运作随时间流逝而产生效果的结果。例如，每一棵树都是独特的，有着高度的随机性几率，然而每一棵树都遵循着由该物种的法则所设定的分类学组织结构，同时也成分形原则的经典例子。与此同时，树枝的分布是按照能够平衡其相当大的悬臂力的模式进行的。同样，在枝条″知道″何时应当停止生长的方式上也存在着一致性，其结果是树木的外形就有可能是相当匀称而有序的。所有这一切都是受到这种特定树种的″后成手册″（epigenetic manual）的调节而形成的。在下文，后成说将成为城镇发展的令人满意的类推。

从一棵树的枝条到老虎或斑马的斑纹，就没有这样大的跳跃了。每一只老虎都有着独特的斑纹图案，但是所有的老虎斑纹都处于普遍性的″老虎特性″（tiger-ness）的超级模式（super-pattern）之内。这是如何实现的呢？艾伦·图林通过写出一个公式，指出动物的图案都有着几何的基础，从而回答了这一问题。这一点被发展成一种模型，其中图案的分布是黑色素这种化学物质与抑制黑色素的化学物质之间的领土征战的结果。当黑色素这种化学物质根据该物种的后成法则（epigenetic rules）而产生了斑纹与背景的正确比例时，DNA就宣布停火。

看上去大自然似乎是基于偶然性原则，而不是蓝图式的程序（blueprint programme）。生长和发展产生于张力和碰撞，并且高度依赖紧接着之前（immediate preceding）的条件。心脏的跳动由前几次跳动所决定，而不是基于某种主生物钟（master clock）。

在自然生长模式方面，随机性的要素是成功的重要条件。非线性保证了一个系统免于锁定在一个拒绝改变和适应的过程中。严格的规则性代表着受制于唯一发展模式。在理解秩序与不确定性或者说非线性之间的互动方面，就要涉及混沌理论，约瑟夫·福特（Joseph Ford）将之总结为″带有方向的随机性″。爱因斯坦曾经说过的一句不朽名言是：″上帝不会跟宇宙掷骰子″。根据最近的见解，机敏的回答是：″是的，他会掷骰子，但是，骰子是加铅的。″

从宇宙到生物圈的混沌状态

在 20 世纪，科学和数学的主要贡献之一在于接纳了自然世界中所有层面的非对称性和不确定性。终极的混沌系统就是宇宙。艾萨克·牛顿的机械论宇宙观已经被这样的观点所取代，即一个不断扩张的宇宙所呈现的规则性不断地受制于随机事件的影响，例如正在爆炸的恒星，也就是超新星。对于地球的直接影响就是小行星脱离小行星带，撞上行星这样的事件，例如 1997 年小行星撞击金星，它所产生的影响是同时引爆全世界所有装载核武器的军火库的许多倍。恐龙知道所有关于小行星的故事。

　　爱因斯坦的广义相对论指出，空间中的所有天体都有自身的引力场。宇宙是一个几乎无穷无尽的系统，在这个空间中天体之间彼此影响和被影响（affective and affected）。一个落到地球上的物体正在屈服于这个行星引力作用下的拉力，这一拉力是该行星质量的函数。与此同时，地球也被极小极小的力量拉向这个物体。空间中的物体互相竞争，把其他的物体拉向自己的能量场。终极掠夺者就是黑洞。由于下述事实，不确定性根植于这种一统的核心，即宇宙中的物质数量似乎不足以构成一个稳定的宇宙。银河系就不够重；没有足够的物质"来平衡宇宙的账本"。负引力的概念越来越被倾向于成为描述这种不一致的理论。然而，最重要的事实是，宇宙呈现出的秩序性得到下述事实的表达，即空间中的物体正在以与其靠近地球的距离呈比例的速度向后退。这一点由多普勒红移（Doppler red shift）*得到了证明，最近改进过的哈勃空间望远镜的观察证实了这一现象。在马里奥·利维奥（Mario Livio）撰写的书《加速的宇宙》（The Accelerated Universe）中，描述了宇宙学的最近发现，他率领的研究团队为美国航空航天局（NASA）运作哈勃计划，他认为，科学家正在寻找大自然那显而易见的混乱背后潜藏的一种具有审美丰富性的秩序性。他声称：

　　　　你看着那些画面，它们呈现出令人惊讶的美丽。但是，随后就发现，物理学存在着潜在的美，也就是说，在所有这一切丰富性和复杂性的底下，存在着相对简单的真理，使得这些现象能够发生。[8]

　　因此，尽管宇宙似乎呈现的是复杂性和混沌，但是在其背后，所有一切都是一套简单的定理，而这正是物理学需要去探索发现的一个任务，也是利维奥所说的"无可抗拒的美的几个简单原则"。[9]

　　对我们的生活影响最大的混沌系统就是天气。天气预报员常常受到批评，因为他们一次只能对不超过数天的天气作出可靠的预测。这是由于微小的扰动会快速扩展成为重大的、甚至是灾难性的事件。这里存在

---

*　由于多普勒效应，从离开我们而去的恒星发出的光线的光谱向红光光谱方向移动。——译者注

着太多的不确定性；如此众多的无法预测因素都可以改变天气的进程，即使最先进的计算机也只能作出带有一定程度确定性的短期预报。例如，天气系统受到陆地和海洋散发的热量所驱动。赤道地区比南北两极接收多得多的太阳能，这就造成了空气升温的差异。暖空气上升，冷空气下降，所以，这里就有了天气不确定性的一个因素。这个系统由于地球的旋转而更趋复杂，转动导致了一种持续的搅动效应。海洋的蓄热时间是陆地的两倍，并且能够使热量四处移动。与此同时，海洋也是受热力驱动的。下降的冷水和上升的热水产生洋流，影响了空气的温度。在太平洋上，这就会产生著名的厄尔尼诺洋流，在 1998 年和 1999 年造成遍及全世界的灾难性后果。然而，尽管有着这些众多的变量，总体的天气系统还是稳定的。暴风雨在系统的其他部分可以得到补偿。天气也有着潜在的法则——这真是不幸之中的万幸。

全球变暖的一个可以预测结果是，潜在的稳定性正在受到人类活动造成的不断增加的温室效应的威胁。这是一种对该系统潜在法则的随机性干预，因此，加诸了后果极为严重的威胁，例如，无可阻挡的全球变暖，以及类似于金星的死寂状态（end condition）。

我们有可能将人类大脑视作一个混沌系统。我们已经注意到，大脑的进化已经产生了一个能够在部分的自治和整体的一致性之间维持重要平衡的系统，使得进化早期的大脑单元对大脑功能产生深刻的影响。此外，左右大脑半球之间具有不同的专门化功能，你拥有产生无法预测结果的完美系统。这就是创造性机制。所有具有创造性的艺术都呈现出混沌模式。

甚至心跳也遵循着一种混沌模式。诊断心脏疾病的一种方式是绘制跳动节律的图形。如果图形太规则，就是出现问题的明确提示。"在健康心脏的动力中"有着"一种复杂的不规则性"。[10]

最后一点，似乎我们的存在也取决于非对称性。宇宙是由物质和反物质组成的。具有决定性的是在大爆炸后的一瞬间，最初的对称被打破，物质对抗反物质，占据了上风。假使不是这样的情况，它们就会湮灭彼此，只留下辐射。宇宙就会在它产生的一瞬间随即消失。大自然从潜在的一致性中产生非对称模式，这一方式仍然是未解之谜。然而，在其他未解之谜中，解决这一最大的谜题，就是预计在 2005 年，在位于日内瓦的欧洲核子研究组织（European Laboratory for Particle Physics-CERN）开展的试验的目的。这一试验试图再现自然的对称性被打破前的条件。那么可以说，"大量的自然界中的非对称性使得宇宙成为今天的样子。"[11]

然而，大自然有着严格规则的模式，最贴切的例子就是根据地球和月球之间引力产生的拉力而起伏的潮汐。然而，这里也可以把混沌理论用上，因为当风力增强了涨潮的力量而产生风暴潮时，这一理论是适用的。再加上下述事实，即风常常与强低压系统相关，这会导致局部海平面上升幅度达半米，这样我们就能理解为什么对于潮汐规律的预测性会遭到严重破坏，正如1953年英国灾难性的东海岸洪水所显示的那样。

我们有必要略加详细地阐明，大自然的一切都被锁定在竞争和反馈循环的网中，所有这一切会产生生长的动力，以及不断变化的平衡。而人类是这个系统的一部分，因此，有理由作出这样的结论，即这影响着我们感知和评估我们周围世界的方式。在大自然中驱动发展的能量似乎是由对秩序产生贡献的力量与那些支撑着复杂性的力量之间的张力而产生的——反映了热力学第二定律，该定律中包含了秩序和熵的碰撞。雪花就囊括了混沌的本质："稳定的力量和不稳定的力量之间的精巧平衡；原子层面的力量和日常生活层面的力量之间的互动"。[12] 大自然在对称性/秩序性和复杂性/多样性两极之间运作这一原则，就是与审美主题的逻辑关联。

当动力性系统从秩序性走向复杂性时，就在边界情形（boundary situation）或者说过渡区（transition zone），混沌模式出现了。混沌可以沿着"稳定性和不可思议的无序之间的"边界面被发现。混沌系统体现了"混乱背后的秩序"。[13]

印证这一观点的一个例子就是当一个有序的表面通过使其干燥或施以压力而受到动压的时候。图8就是一片聚苯乙烯薄层在两层玻璃之间被挤压后的抽象派艺术作品。其结果是一个纯粹的混沌模式，看上去非常像一座中世纪城市的平面，例如比利时的布鲁日（图9）。[14]

为了得出结论，布里格斯指出："对混沌的研究也是对整体性的研究"。[15] 美学就是对整体的研究，其中各部分加起来所获得的东西大大超过各部分之和。让布里格斯来做出最后的裁决吧："艺术家始终都在探索那可以被称作是存在于不确定性中的秩序的东西，并且赋予其价值。"[16]

图8
裂缝的断裂图，呈现出混沌模式

图9
布鲁日，中世纪的城市平面

参考文献

1　Mark Buchanan, ´Inside Science´, *New Scientist*（19 June, 1999），p.4.

2　Ibid., p.2.

3　Ian Stewart, *Nature´s Numbers*（London：Weidenfeld and Nicolson, 1995），p.73.

4　Frank Close, ´Fearful Symmetry´, *New Scientist*（8 April 2000）.

5　Ibid.

6　Stewart, *Nature´s Numbers*.

7　John Briggs, *Fractals, The Patterns of Chaos*（London：Thames and Hudson, 1992），p.27.

8 Mario Livio, *The Accelerating Universe* (London : John Wiley and Son, 2000)

9 Ibid.

10 Mark Buchanan, ´Fascinating Rhythm´, *New Scientist* (3 January 1998) , p.23.

11 Close, ´Fearful Symmetry´.

12 Briggs, *Fractals*, p.309.

13 Ibid., pp.21, 27.

14 出自 Stewart, *Nature´s Numbers*.

15 Briggs, *Fractals*, p.21.

16 Ibid., p.27.

第 6 章

从大自然到人工物

艺术与混沌之间的关联据说已经在 1942 年由马克斯·恩斯特（Max Ernst）建立起来。他凭借着下述作画程序被认为是第一位"行动派画家"（action painter），他这样描述：

> 把一根大约一两米长的绳子绑在一只空锡罐上，在罐底钻一个小孔，罐里装满可以流淌的颜料。然后把画布平放在地板上，拿着罐子在画布上来回摇晃，用你的手、手臂和肩膀，以及你整个身体的运动来引导。用这种方式，令人称奇的线条就滴落在画布上。[1]

将偶然性与涂抹的某些规律性相结合就是他的标志，这种技术得到美国人杰克逊·波洛克（Jackson Pollock）的进一步发展（参见图 10）。他的绘画作品是通过"滴溅"（drip and splash）技术而产生的，这就意味着一股一股的颜料以连续的轨迹被泼洒在整个画布上。线条和气泡是随着他围绕画布走动时有限的姿态和运动的产物。他通过改变颜料黏性、泼洒高度、角度和速度来控制线条的特性。所有这一切都增加了随机性的表现，但是，却通过有限的涂抹技术或者说规则、加上受限的用色而产生的：对混沌理论的图解。当人们问他"为什么不多从大自然中汲取灵感工作呢？"他回答说："我就是自然"。他比自己所知道的更接近真理。这一观点被约翰·布里格斯所吸纳："许多艺术家的深层意图，就是要创造那些展现了内在结构的某些东西的形式……从大自然的形式中可以找得到的"。[2]

理查德·泰勒（Richard Taylor）是悉尼新南威尔士大学的物理学家，他开展了一项实验，委托艺术家创作一些混沌样式和非混沌式的（随机）滴画。被试、被要求依据纯粹的图案认知，指出哪一些是最具有视觉吸引力的画。在 120 例样本中，113 例倾向于混沌图案。波洛克声称，他关注的是捕捉"大自然的韵律"。泰勒作出推测："他会不会已经与大自然的过程和人们希望看到这些过程产生出的模式的愿望如此合拍，以至于他利用混沌捕捉到了大自然的本质呢？"[3] 这与布里格斯的观点是一致的，即"混沌科学正在帮助对一种根植于不同时期、文化和学派的不

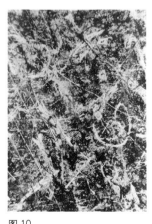

图 10

"作品 14 号"，杰克逊·波洛克

断变化的观点的美学进行重新定义。"[4]

　　18 世纪的作曲家采用一种混沌理论的版本,用在一种叫做"组合术"(*Ars Combinatoria*) [*] 的方法中。这包含设定许多参数,例如一种固定的泛音模,以及固定的小节数和音符数。音符的顺序由掷骰子来决定,其目的在于发现使用偶然性元素所产生的新曲式。

关于建筑

　　大约在 25 年前,我构成了一张画,来表明剑桥的国王大道(King's Parade)如果根据当时的设计哲学来进行改造的话,会是什么样子(图 11 和图 12)。我借用了费兹威廉学院(Fitzwilliam College)来完成这一构成。即便在当时,使我感到惊奇的是,有多少人被这张画蒙骗了。当然,这是混沌模式的反面;这里有着刚刚好的、最低限度的视觉复杂性,得以使用心灵的模式认知技能。

图 11
剑桥的国王大道假设

*　直译为"组合术",莱布尼茨博士论文以此为题;加拿大多伦多出版的一杂志亦以此为名。——译者注

图 12
剑桥的国王大道

不久之后，剑桥就开始遭受动真格的苦难了，在中世纪风格的国王大街上，强加了一个为基督学院（Christ's College）而建造的、蹦出来的混凝土建筑（图 13）。当时的倾向是，这座建筑应当成为整条街道所有建筑改造的模板。

大约在同一个时期，世界著名的爱丁堡王子街（Princes Street）就要被全面拆除，被当时的极简主义建筑所取代（图 14）。

图 13
剑桥的国王街基督学院扩建项目

这次改造的建筑师之一声称："王子大街无论在过去有着怎样的一致性，从今以后一去不复返了……"。当时建成了许多勇敢的、象征着新世界的"一致性"例子，今天仍然矗立，成为"少就是多"哲学的鸡肋式纪念碑。市政府规划官员及时明白过来，才确保了整体街道景观的模式统一性能得以保存。

紧接着第二次世界大战之后，当时的评论家谴责现代主义运动的诠释者屈服于会计师，并且使玻璃幕墙成为城市的同一性。这种

图 14
爱丁堡的王子街，被阻止的方案

所谓的"国际式"风格创造出一种国际式的同一性。新加坡、吉隆坡、中国香港、达拉斯全都可以互换。为了评估这种摧毁个性的方法，我们可以参考一种更早时期的国际式风格，它成为中世纪跨国贸易组织——汉萨同盟（Hanseatic League）的商标。这种风格是一眼就可以认出的，但是每个国家都以不同的方式来诠释它，再也没有比荷兰更好的例证了。

混沌理论的一个主要特征是，从本质上来说，它是整体性的。从下述这种意义上来说，它又是动态的，即一个特定的系统，例如天气，是能够被其最小的组成部分所影响。系统内的每一个事物都影响着每一个其他事物，也受其他事物的影响，系统和其他系统之间也互相影响，以此类推。进一步来说，这一现象也延伸到人类的感知领域。一座建筑，或者说一系列建筑，就是一个复杂的互动系统，其中对一种特性的感知会随着邻近特性的形式和接近程度而改变，并且根据接受者的先见而发生变化。城市是这种整体原则的终极人为体现，尤其是当它们反映的是分形几何形式，而不是欧几里得几何形式的时候，这又把我们带回荷兰以及阿姆斯特丹市。

几乎没有人会反对这一观点，即这座城市的某些景色值得赋予"风景如画"的头衔（图15）。这一术语的使用暗示了这类景色由于实现

图 15
中世纪的阿姆斯特丹

了特定的审美意义而突显出来。这是因为它们符合混沌模式吗？当然，它们有着极高程度的不可预测性，或者说复杂性：楼层的高度不同；大多数建筑顶部呈现阶梯状或曲线状山墙；窗户的尺寸变化多端且布置在不同的标高等等。如果在 20 世纪 60 年代，它几乎是得不到规划审批的。

第一眼看过去的时候，似乎随机性占据了主导地位。然而，随机性从本质上来说不可能具有审美意义。一定存在着某种极为重要的连续性，由于心灵具有强调模式因素和缩减差异的能力，这一点是显而易见的。为了证实这一主张，我们需要简短地提一下大脑理论，来解释左右大脑半球之内的活动组织如何对审美感知发挥作用。

左右大脑半球的互相对比的功能，正如在前文解释的（第 7-8 页），如下所述：

- 左脑关注于细节，以顺序的、按部就班的方式处理信息。
- 右脑有着全景的、对于空间的关注焦点，擅长于识别联系。

在心灵之内，永远存在着竞争，这使我们想起大自然中在"放大了差异的力量……和抑制它们的力量"之间的碰撞。所以，总结来说，左脑在各部分之间进行区分，右脑对整体进行理解。

在西方文明中，倾向于对理性的、序列性的精神过程，基于一种想要对物体进行分类、直到永无止境的详细程度的愿望。例如，在树木这个例子中，我们倾向于关注其不可胜数的特征，直到其分子结构，在这一过程中，风险在于越来越不见森林。

在 1999 年设计了一些实验，来证明左脑半球关注于细节、而右脑对整体进行感知的假设。被试、被连接在导线上，这样发生在各个大脑半球的活动都可以得到记录。然后给其看一个"navon"字母 *；也就是说，一个由各个单独的、可辨识的形状组成的可辨识形状，例如，以字母组成的形状。人们发现，左脑关注于单个的字母，而右脑吸收的是整个图形——在这个例子中，左脑关注于字母"F"，而右脑看到的图案就像一个字母"S"。[5]

涉及这一现象的生理学理论是，那些只能与邻近神经发生更为稀少的、短期的联系的神经选择细节。这些神经可以在左脑半球找到。右脑的神经更为丰富而具有广泛连接，使之能够接受到整体的画面。

需要强调的重点在于，有可能修正左脑的偏好，并为右脑创造更大的范围，以使我们的感觉提升到超越细节的高度，通过这样的方式来发

---

* navon 任务是一个实验范式，常用来测量个体对复合刺激加工（整体与部分信息）的干扰控制。——译者注

展审美感知能力。而本书的主题正是理解产生于各个部分的复杂性中的整体性所呈现出的秩序。

大脑皮层左右半边的互补运作可以在阿姆斯特丹的例子中得到证明。这座城市的中世纪和文艺复兴时期的部分展现了一种主要的分形特征，也就是说自相似性（self-similarity）。尽管事实在于每一座建筑都有着独特的同一性，但是所有建筑显然都属于同一个家族；它们带有汉萨同盟的标记，有着区域性暗示。

汉萨同盟的统一特征是：

- 狭窄的正立面，大进深平面；
- 山墙朝向街道；
- 对山墙进行装饰，以建立个性；
- 窗户对墙面的比率很高。

这些特征提供了模式的基础，并得到区域风格特征的强化。阿姆斯特丹的中世纪和文艺复兴时期的部分证明了"同韵"（rhyme）的原则，也就是说，相似性战胜了差异。它们通过某种统一的要素连接在一起，这些要素创建了超越随机性的模式。

我们从窗户开始研究，尽管窗户呈现出多样性，但是大多数都有着类似的高宽比；它们通常以三个一组出现；呈现出长方形的形状、漆成白色的玻璃格条、窗洞口有白色饰条的模式。这种一致性的程度胜过了变化性的程度，所以，主导性效果是被打破的模式（broken pattern）。

如前所述，荷兰住宅以汉萨主题的变式所呈现的多样性和丰富性而著名。在这种场景中，山墙是各不相同的，然而，它们有着足够的共同特征，能够归属于"山墙特性"（gable-ness）的亚种。在这个序列中偶尔出现的檐口仅仅是为了强调模式与复杂性之间的张力。

立面在宽度和高度方面不尽相同，但是所处的界限暗示了打破的模式，而非无序。每个立面都有其独特的色彩，但是，总体的色调和明度有着一致性，这提供了一种总体效果，即多变的色彩属于一个色调柔和的总体范畴（图16）。

残余效应（residual effect）就是模式和多样性之间生动的竞争，而模式则险胜——足以保证其审美境界（aesthetic stature）。这真正是混沌模式的人工版本，一种大自然的隐喻。

我们可以与德国北部城市蒙斯特进行有趣的对比，这是一座在第二次世界大战中遭毁坏的汉萨城镇（图17）。重建工作回应了其历史风格，但是细节被剥夺了。其间偶有令人愉悦的片断，但是总体效果是抑制性，无法产生对动态模式（dynamic pattern）的渴望。为了减轻罪疚感，我们知道战后的德国在资金方面有着严重的局限性。

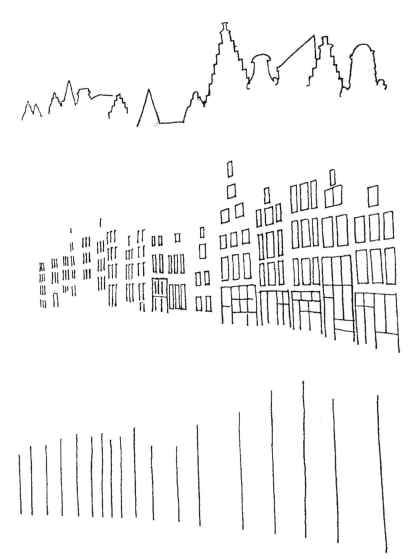

图 16
阿姆斯特丹的被打破的模式。
以秩序性为基础的多样性正是
阿姆斯特丹与老虎共享的原则

最近在阿姆斯特丹东港码头（Eastern Docklands）的开发项目提示我们，这座城市的中世纪／文艺复兴精神是如何变形的。Borneo-Sporenburg 滨水住宅开发项目（图 18）必须在基地尺寸和建筑高度方面遵守严格的限制。在其他方面，建筑师拥有完全的自由，显然我们已经看到这种自由度。其结果是呈现出有限的无序。模式或许是显而易见的，但是这是基于信息比率的抽象层面。视觉复杂性的水平是相当恒定的。然而，最终的决断或许是秩序在与无序进行的战斗中败北。但是，因其明快的色彩和在水中的倒影，它具有大脑边缘区的吸引力。假定全球变暖和气候变化的发展速度按照现在这样持续下去，我们只好寄希望于这里的居民都是短期租户。

我们总结如下：在大多数情形中，总有着某些常数，为等式的秩序

图 17
经过重建的蒙斯特市

一边增加了砝码。例如：

● 地方材料的特征，例如，用于制造砖和瓷砖的当地石材或黏土。

● 当地的建造技术以及可获取的建筑材料的强度。例如，建筑高度取决于由长细比决定的墙体厚度与基地尺寸空间比之间的经济平衡。类似地，窗户与墙面的比率由砖砌体的强度来决定，而这与高度和经济的墙体厚度有关。因此，在阿姆斯特丹，窗墙面积比的相差比较小，存在着一致性。

● 另一个例子是特定时期的玻璃技术发展状态。平板玻璃可获取的最大尺寸决定了玻璃格条的模式，而这对于荷兰建筑风格有着重要的贡献，当然对于英国乔治王朝时期的建筑风格也是如此。玻璃技术的发展所要付出的美学惩罚可以在以单片玻璃上下推拉窗取代乔治王朝时期窗户的例子中看到。白色玻璃格条的复杂性缓解了乔治王朝时期建筑风格的简朴特点。如果复杂性这一要素被取消的话，结果就是平淡无味，例如，我们可以在爱丁堡的新城部分经过"改造"的乔治王朝时期建筑中看到。现在它们看上去似乎就要"看不见"（sightless）了。

图 18
Borneo—Sporenburg 开发项目

● 可用木材的最大跨距为基地宽度设定了限制，这就导致了在紧凑的边界之内产生的多样性。

● 即便在中世纪，规划控制也是显而易见的，尤其是在像锡耶纳这样的意大利城市。这就又增加了限制条件的列表，进一步强化了模式。

● 气候是另一个对设计自由度加以限制的决定因素，地形也是如此。

所有这些因素都倾向于规则性，然而，建造者，尤其是在中世纪，已经能够在这些限制条件中娴熟地表达个性。每一个场所都有其本土化的特征，这就构成了独特的模式。与此同时，汉萨同盟这根线能够将远至巴伐利亚州的吕贝克和兰茨胡特这样的城市与阿姆斯特丹连接在一起。

即便距离很近，在一个统整的风格范围之内也有着鲜明的差异。如果我们将一个典型的阿姆斯特丹序列与布鲁塞尔皇家广场（Place Royale）华丽的商人住宅或安特卫普的市集广场（Grote Markt）（图19）相比的话，有着很明显的相似之处，但也有着显著的差异。

我们列举的比利时的例子都属于汉萨建筑风格的主要种类，但是，与此同时，也强有力地表达了地方同一性。它们有着对于模式的独特诠

图 19
安特卫普的市集广场

释，将其牢固地根植于时空之中。

　　在德国北部有两座相邻的城市——戈斯拉尔和策勒，它们都以木材为主要结构材料（图20）。这两座城市在"差异调节着相似性"方面都达到了令人愉悦的水平，每一座城市都有着独特的风格同一性。在这两个场所，可以明显地看到居民通过建筑表达其作为市民的自豪感。

　　在所有这些案例中，建筑要素以一种特殊的方式组织起来，这种方式赋予了同一性——*风格*的同一性。我们可以将风格定义为"赋予同一性的、广泛一致的特征"。这涉及对一种结构性和装饰性程式的普遍遵从，这种程式可以视作带有流动边界的模板。

　　不规则模式可以超出风格的界限而浮现出来。在前文中，我提到了爱丁堡王子大街。这是一种建筑物的多样聚合体，展示了风格的多样性。然而，这种多样性又联合成为一个整体，在这个整体中，模式主导着随机性，原因在于，视觉信息在整条大街都是以相对一致的水平出现的，尽管风格有着差异。而模式足够强大，能够超越20世纪的插建建筑。

　　在巴塞罗那一条狭窄的街道内，设定模式的是在垂直方向被打断的节奏，水平方向的阳台和被阴影勾勒出轮廓的窗横楣所产生的对比使之生动起来（图21）。这里并不是由风格传递审美信息的那种模式，而是由像线条和边界这样的抽象特征传递出来的。这就打开了不规则模式的另一个层面，也就是我在前文中称之为"视觉事件的密度、多样性和强度"的层面。互为对比的风格可以凭借下述事实而得以和谐相处，即在空间中，它们在这些抽象的线条和色调层面，遵循着广泛一致的模式。

图20
德国北部的策勒（a）和戈斯拉尔（b）

(a)

(b)

图 21
巴塞罗那所呈现的线条、边界和阴影

在接近混沌模式这一范畴的最极端的例子，是从切斯特市大桥街 (Bridge Street) 选取的一段城市景观（图 22）。不同的风格、高度、宽度都撞在一起，呈现出不规则模式，这主要是由于在整个场景中有着广泛的一致性，表现在信息的等级和密度方面。这种一致性力量又得到位于二层的、连续有顶盖的廊道的加强，这就是该市特征之———廊柱式商业街 (The Rows)。

我们再一次在这里看到了与音乐的平行之处。如果我们考虑 19 世纪晚期的音乐，当时一个作曲家可用的和弦，在总体上只有相对较少的语汇，但是它们组织成为一个统一的结构或旋律的方式是独特的。在这里，同样是熟悉与新鲜之间的结合成为愉悦的有保证的来源。

图 22
切斯特的桥街

　　卡尔·马利亚·冯·韦伯（Carl Maria von Weber）对于其作曲原则的描述，成为对这一章的总结："整体性必须突出，纵使它有着多样性。"[6]

参考文献

1　Max Ernst，德国画家 / 雕塑家，他是超现实主义运动的主要倡导者。

2　John Briggs，*Fractals.The Patterns of Chaos*（London：Thames and Hudson，1992），p.170.

3　Richard Taylor，'Fractal expressionism'，*New Scientist*（25 July 1998），pp.30，32.

4　Briggs，*Fractals*，p.28.

5　由 John McCrone 在《新科学家》（*New Scientist*）中描述，'Left brain right brain'（3 July 1999），pp.26-30.

6　Carl Maria von Weber，19 世纪德国作曲家和歌剧指挥家。

第 7 章

明智的干预

在插入现有城镇景观的肌理时，混沌原则是否会影响将要采用的策略？宽泛地来说，有三种层面的干预：

- 浸没式（submergence）；
- 同韵式（rhyme）；
- 断裂式（fracture）。

在第一种情形中，新的肌理天衣无缝地融入现有肌理，不会激起肾上腺素的涟漪。一个实例就是在设菲尔德市中心占据至关重要的角落的果园广场（Orchard Place）（图 23）。现在，它很有效地一点儿都不惹眼。

我们可以将这座建筑与另一座处于节点位置的建筑进行比较，即位于维也纳的哈斯屋（Haas-Haus）。在这里，丝毫没有被浸没的危险（图 86）。

同韵来源于诗歌，如果对句在语音和音步（meter）方面存在相似性，我们就说同韵。从建筑的意义上来说，对于语音，我们可以理解为"视觉特征"，对于音步，就是视觉事件的节奏。至于同韵的准确定义，我们可以再次利用杰拉德·曼利·霍普金斯的诗句："差异调节着相似性"，这也可以适用于和谐。

断裂式的干预在城市环境中引入了扰动，这种扰动既可以是积极的，也可以是消极的。它指的是与周围建筑没有明显联系的干预，或者是使其环境尺度断裂的干预。一个积极的断裂干预例子是位于巴黎的乔治·蓬皮杜艺术中心（图 1）。

在形成针对填隙式开发的态度方面，尤其是在有着强烈的城市模式的场所，我们可以从大自然中汲取灵感——在这种情形中，从*后成论*中汲取灵感。这标志着一种从与我们对现象的*感知*相平行的大自然法则，转向调节着有机体的*生长和发展*的原则，正因如此，提供了一种类似于填隙式开发的模式。生物学家是这样理解后成论的：

图 23
设菲尔德的果园大厦

     这是基因与环境的互动过程，最终导致了有机体独特的
身体结构、生理、认知和行为方面的特征……互动的环境……
不断扩张——尤其是在人类这种情形中——[直到]它包含了
文化的所有方面。[1]

     这些作者在"心灵发展的初级后成法则"(primary epigenetic rules)
和次级后成法则(secondary epigenetic rules)之间进行了区分，[前者]"基
于从感官过滤到更为自动化的感知过程"，而后者涉及的是个体个性的
"偏置曲线"(bias curves)。[2]

     后成法则是在基因中进行编码的，并且规定了DNA的发展程序。
这种程序根据准确的环境状况指导着细胞，细胞就在这样的环境中分
裂，并且发展成为一个特定的肢体或组织。身体的发展是一个预先编
制好程序的、细胞与环境之间的交互。在前文，我们研究了老虎斑纹
的形成过程，以及在决定斑纹与背景颜色之间的比率方面DNA所发挥

的作用。

文化发展也同样遵循着后成原则。我们生来就有语言的习性。除非我们被暴露于语言的环境之下，否则这种习性就会萎缩。我们可能生来就有欣赏音乐的"耳朵"，但是，如果我们在大脑仍然处于发展阶段的时候没有体验过所有的音乐可能性的话，这一潜能也不会实现。生活技能来自于遗传程序与经验的结合。

因此，后成原则表明，发展就是某种潜在的规则加上对环境的特定感受能力的结果。正因如此，这是一个早已迁移到城市发展领域的概念。每一座城镇从某种意义上来说都是一个独特的"物种"，因其建筑物和空间的累加组成了该场所的后成程序（epigenetic programme）。已经存在的东西为新的开发应当回应环境的方式设定了基本原则。

很多年来，一直存在着对建筑教育的批评，因为它所产生的设计师仅仅关注于孤立的建筑。他们要么忽略更广阔的文脉，要么忽略文脉的重要性。结果是那些经历了第二次世界大战之后再开发的城市常常成为单体建筑的集合，而不是呈现出可以从历史角度进行感知的城镇景观。一个经典的例子就是巴西。巴西不仅仅想要一个新的首都城市，而且也想要成为当时先锋建筑师的作品展示地。其结果是：一个建筑纪念碑的展览，但是却以城市特性（city-ness）为代价。建筑物和空间被感知为纪念碑式的雕塑，而不是有机的城镇景观的要素。在一个不那么严重的层面上，可以在伦敦道克兰码头区（Docklands）再次看到同样的情形。尽管那里有着高品质的建筑单体，但是彼此几乎没有联系，因为它们缺乏一个以邻里为特征的后成程序。由尼古拉斯·莱西（Nicholas Lacey）、约布茨（Jobts）和海厄特（Hyett）设计的苍鹭码头（Heron Quays）是整合城市设计的最早尝试，但是这一基因并没有传承下去。

与此形成对照的是，彼得·福戈（Peter Foggo）设计的伦敦百老门（Broadgate）地区的第1阶段和第2阶段的开发，良好地回应了更广泛的城市环境，同时提供了建筑与城市空间共生关系的绝妙案例。开发回应后成原则之处在于下述事实，即在更大的程度上它是由现有建筑和基础设施所型塑的。后成论是一种*发展的*原则，所以它意味着新建筑不仅要回应现有环境，还要为这一环境增添一些新的东西和活力。

在前文我提供了一些明确破坏这一原则的例子，包括剑桥市为基督学院所做的国王街开发项目和爱丁堡王子街的重建规划。为了重新解决这一平衡，爱丁堡提供了一个建筑回应其环境、同时不遗余力地宣称其当代性的杰出案例。这就是位于钱伯斯街的苏格兰国家博物馆（National Museum of Scotland）（图24），它也位于爱丁堡大学那些一本正经和不苟言笑的建筑物的中心。它对于周围建筑没有作出任何风格上的让步，然而通过其形状和材料实现了强烈的、具有"苏格兰特性"（Scottishness）的场所感。因为这一点，它达到了*同韵*的品质，与此同时彻底改变了这座城市到当时为止依然毫无特色的这个转角。内部空间提供了令人愉悦的发现之旅，建筑和展品共同创造了一种动态的伙伴关系。

苏格兰异乎寻常地受到赞美，因为该市另一个享誉国际的伯勒尔（Burrell）美术馆（图 25）在建筑与手工艺品，以及建筑与环境——在这个例子中，是一个公园用地的环境——之间协同性方面达到了同样的高度。我所知道的唯一的、另一座在拥抱大自然的方式方面达到同样高度的美术馆，是哥本哈根附近的丹麦国立路易斯安娜美术馆（Danish National Louisiana Gallery）（图 26）。在这两个案例中，都存在着用于展示的围合空间与玻璃区域之间的连续的对话，后者将公园景观引入建筑内部。这就是后成原则的最佳诠释。

当下的主题是"城市再生"，这意味着对于城市环境如何演变将投入更多的关注。那么，这也就意味着以敏感性来处理填隙式再开发的问题，这一点正是 20 世纪 60 年代和 70 年代令人痛心地匮乏的关注点。有越来越多的证据表明，人们对于普普通通的城镇视觉品质表现出新的欣赏态度。每一个场所，不论大小，都有着独特的"指纹"，即模式的

图 24
爱丁堡的苏格兰国家博物馆

图 25
格拉斯哥的伯勒尔美术馆

图 26
路易斯安娜丹麦国立美术馆

同一性，从这里可以衍生出该城市开发导则的条款。

当生物学家谈到"后成手册"的时候，他们指的是指导着植物和动物的发展的 DNA 总和，而这就是一个有用的类比，因为每一个场所都有其独特的指南（manual）或者叫做超模式，这些应当用来设定开发的要素，尤其是在填隙式开发中。这些要素包括从严格与周围建筑风格保持一致，到在总体信息水平的限制内给予风格自由度不等。

在一座城镇的后成要素范围之内设定新的开发项目的优秀案例，可以在德国北部的莱姆戈看到。有几座新建筑是小镇历史风格的复制品。另一些建筑则打破这些限制，呈现出自由度，宣称其当代性，这就产生了过去与现在之间的生动对话，而不会破坏小镇的总体特征（见图 27）。它们遵循这座小镇景观的基本形式，同时利用了当代的开窗系统。这是*无可比拟的*同韵。它们表明，即便在具有历史敏感性的场所，后成指南也有着内在的灵活性。

在都柏林的圣殿酒吧区（Temple Bar）（图 28），20 世纪 90 年代晚期以一种白色的、简洁的新现代主义形式到来，这有一点里特韦尔（Rietveld）*的味道。除了遵守该地区的限高条款之外，其余方面尽显自由度。但是，它成功了，为这一块小广场带来了一抹色彩和明亮的感觉，否则这块小广场是毫不起眼的。当小广场再开发完成的时候，这一转角位置将给予其更重要的视觉意义。广场周围大部分有节制的建筑也乐意包容这一小片不羁的现代主义作品。

一个人将自己的作品放在自己的嘴里**总是有风险的，但是，在 20

图 27
德国北部莱姆戈小镇的同韵

(a)

(b)

---

* 荷兰著名工业设计大师，成为荷兰著名的风格派艺术运动的第一批成员。——译者注

** 这是英国谚语"to put one's foot in one's mouth"的改编，意思是非常尴尬的场面。——译者根据作者解释注

图 28
都柏林的圣殿酒吧区

世纪 70 年代早期，我自己设计的、位于兰开夏郡的工业化小镇巴诺茨维克（Barnoldswick）的浸信会教堂（图 29），试图在遵从地方尺度与同时表达不妥协的当代主义之间取得平衡。让其他人来评判吧！

　　我们又回到了混沌理论的核心，即不对称模式了，在这个情形中，

图 29
巴诺茨维克（Barnoldswick）浸信会教堂

是"非线性再开发"（non-linear redevelopment）。在这里，主要的考虑事项在于：在一个给定的条件下，多大程度的非线性是可以接受的呢？在背离周围建筑风格方面有多大的自由度？

我们再回到戈斯拉尔和策勒，在中世纪，当地的建造者利用木材作为主要的媒介，奋力达到了独特的个性和与小镇的超模式之间的巧妙平衡。具有讽刺意味的是，戈斯拉尔也以其 20 世纪 60 年代风格的百货商店提供了一个"无视后成原则"的例子，这座建筑侵蚀了中世纪的市中心（图 30）。

当一座建筑适宜于与其周围产生关联的时候，这既是一个模式一致

图 30
戈斯拉尔的不和谐

性问题，也是一个比例一致性问题。它在尺度上与其环境相称吗？如果不相称，这有可能是因为它破坏了由周围建筑设定的模式的主导尺度。这有可能由诸多原因造成：

- 由于其总体尺寸和高宽比而破坏了模式的广泛一致性。
- 它打断了图标式的模式路线——也就是说，占据主导地位的建筑特征阵列，包括主导风格。
- 它使得由抽象物理特性所设立的模式路线断裂开来，这些物理特性包括线条、边界、光影、肌理和色彩；换句话说，它无法反映出这些抽象特征在整个视场（field of view）出现的程度。

这就意味着，比例可以作为"差异调节着相似性"的补偿方式。要在环境方面"符合比例"意味着与邻近建筑*同韵*。太过遵从周围建筑，也会产生不确定性，人们会问，设计师干吗不干脆依葫芦画瓢地制造一个忠实的复制品呢？带有挑衅性质的蔑视主导"肌理"，则有可能引发敌对的感觉，因为它无法与周围建筑产生联系，仅仅是在视觉上"撞击"它们。这种情况会产生不够温和的言辞，即便是来自这片土地的最高处。[*]

然而，这并不是说，这样的"领跑者"建筑就应当被宣布为不合法。有的时候，一步跨入未来也可以释放整个邻里的视觉障碍，正如发生在巴黎市中心蓬皮杜艺术中心那样。其高技派的语汇丝毫也没有关注建筑文脉。最初愤怒的呐喊很快让位于对其重新定义公共建筑的方式所表现出的愉悦之情，它将公共建筑彻底转变为可以进入的空间，在室内展品和室外俯瞰城市的视野之间创造了戏剧性的对比（图1）。这是蓬皮杜总统作出的、确保不朽声誉的一个明智举措。

特鲁罗有两座近期的建筑成为城市改良（urban enhancement）的典型。第一座建筑是皇家康沃尔博物馆（Royal Cornwall Museum）的扩建项目，我们可以将之联想为一座经过功能置换的教堂，内部容纳着一座美术馆（图31）。这是一座谦逊的建筑，仅仅提供了与周围立面的抽象联系。它丝毫不张扬，然而却十分优雅，在环境中表达了恰如其分的情感。

另一座为这个城市增添魅力的建筑，是位于大教堂上方高地的刑事法庭（Crown Court）（图32）。这座建筑由埃文斯和沙莱夫建筑师事务所（Evans and Shalev）设计，像是浅灰色形状谱写的管弦乐，与城市景观紧密地结合在一起，同时也静悄悄地宣称其当代的身份。当人们从

---

* 这里指威尔士亲王对近期一些建筑的直言批评。——译者根据作者解释注

图 31
特鲁罗的皇家康沃尔博物馆

法尔河远处看这座建筑的时候，其作为历史环境中的新建筑的典范状态是毋庸置疑的。这是一座高品质的建筑，也是为了证明这并不是一次侥幸的成功，这两位建筑师在位于圣艾夫斯的泰特美术馆设计中再次证明了同样的技巧（图 33）。最重要的一笔是一个开敞的圆厅，其中的一半是围合起来的美术馆。其余部分向着海湾的广阔视野开敞出来。沙滩和大海被拥入建筑的怀抱。对于小镇居民来说，这一特征是原先场地上的储气罐的变形。这就是城市更新的最佳例证。

还有一些情况下，如果孤立地看待图板上或显示器上的立面，会发

图 32

特鲁罗的刑事法庭

图 33

圣艾夫斯的泰特美术馆

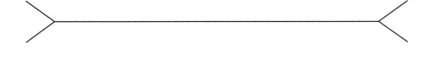

图 34

缪氏错觉

现是不成比例的，然而在真实的环境中看，则可以感知到正确的比例。这是因为视野中的所有要素都会对其周围产生影响。相近特征彼此影响的属性已经被许多心理学中的"错觉"很好地证明了，最著名的就是缪氏错觉（Mueller-Lyer illusion）。在这张图中，两根线段看起来似乎长度不同，这是由于端头的形状不同，即一个是箭头，另一个是反过来的箭头（图34）。

在这里值得重申的是，模式并不是唯一取决于风格的。所以，一幢新建筑有可能插入到现有街道中，而不摆出任何风格的姿态，但是也可以在信息的总体水平方面与周围建筑和谐一致。

事情也会有出错的时候，在都柏林就犯了一个严重的错误。爱尔兰银行需要增加楼层面积。建成的结果是一块令人感到窒息的、威胁着左邻右舍的巨石式建筑（图35）；这是城市手术的首选对象。我们很难理解这样一座低智商的建筑是如何获得批准的。毕竟，这家银行不可能通过威胁要搬到贝尔法斯特就对规划者施加影响！

一个较为温和的、无视后成原则的例子可以在特鲁罗看到。在其主干道 Boscowen 大街上，Littlewoods 商店将其企业风格强加给这座城市，而没有注意到它正在实施针对大教堂的破坏行动。向东数米可以看到，大教堂以亲和的伙伴关系从一片屋顶上升起（图36）。

图35
都柏林的爱尔兰银行

(a)

(b)

图 36
特鲁罗的 Boscowen 大街中的对比

　　最后要说的是，甚至盲目也可以成为对后成指南的破坏。在伦敦，最有声望的街道是蓓尔美尔街。街道南边有着一些伦敦最优美的历史建筑。在东端，其视觉丰富性突然随着一座笨重的、空泛的、石材饰面的七层极简主义建筑典范的出现而蒸发了（见图 37a）。街道北边有着各式各样的 19 和 20 世纪建筑，最近的插建是一个可以接受的同韵的例子，因为它维持了建筑关联性的流动，即便接纳了偶尔闪现的后现代主义元素（图 37b）。

　　为了以一个宏大的注脚来结束本章，我们认为，一条街道或一片广场的宏观模式（macro-pattern）可以通过将同韵推至其联结性极限的加建方式来达到具有魔力的水平。这就是位于法国尼姆的一个案例，由诺曼·福斯特设计的、毫不妥协的现代主义风格的方形现代美术馆（Carrée d´Art），以其纤细的钢柱子对古典主义柱廊所作的诠释，呼应了附近的罗马式神庙（图 89）。

(a)

(b)

图 37a、b

伦敦的蓓尔美尔街：遵从城市肌理方面的对比

参考文献

1 C.J.Lumsden and E.O.Wilson，*Genes，Mind and Culture*（Cambridge，Mass.：Harvard University Press，1982），p.370.

2 Ibid.，p.36.

第8章

统一 vs 多样化

　　到目前为止，本书论述的重点都是关于混沌模式原理在更广泛的城市环境中的运用。这一原理也与建筑单体设计相关，体现在建筑各个部分的表达与整体的统一性之间的张力。我还没有找到比与以下两座教堂对照更为适宜的、图解这一情形的方法：林肯大教堂和巴黎圣母院（图38）。

　　巴黎圣母院的西立面是一个不可分割的整体，而林肯大教堂的西部端头立面表现出对立元素之间的不断碰撞。塔楼和围屏（screen）完全无法彼此"对话"。在这两个案例中，成功和失败皆源自表面处理方式的不同。

　　建筑表面的装饰（adornment）大部分是作为一种融合不同元素的方式而发展起来的，这样就不会产生剧烈的碰撞，整体感得以超越支离

图38a、b
林肯大教堂和巴黎圣母院

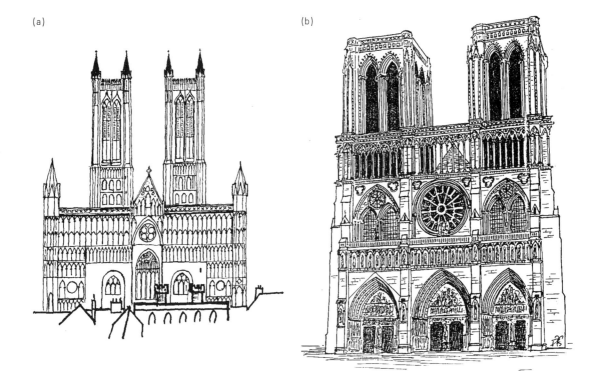

(a)

(b)

破碎的印象。修饰的作用（decoration）更甚于奢华的装饰（ornament）。

正是古希腊人撰写了关于如何使建筑中互为对比的元素和谐统一的、永不过时的初级读本。公元前 480 年在萨拉米斯和公元前 479 年在布拉底大胜波斯人之后，希腊人沉浸在极度的欣喜之中，为建筑的繁荣提供了动力。到公元前 444 年伯里克利*即位时，多立克式建筑风格已经成熟到了有可能实现其顶峰的程度，如帕提农神庙的建造。

在装饰方面，古典语汇的发展是作为一种软化节点和调剂光秃秃表面的途径。至于帕提农神庙的浮雕带，它也使得史诗般的胜利场景永垂史册。但是，其主要目的是作为把建筑的所有部分结合起来形成整体的一种手段。大部分的古典装饰都有着功能上的源头。据称，多立克式建筑风格是以石材来表现木材原型的一种翻版。可以假定中楣的三陇板代表木梁端部的变式，下方的六个珠状饰（guttae）对应着起固定作用的栓钉(pegs)。柱头保持了其最初的功能，为主要的边梁——柱顶过梁——提供宽敞的底座，同时将传递到柱子上的荷载分布开。然而，这样的简化主义将会错失公元前 650 年以来古希腊时期极具魅力的美学成就的关键所在。

最持久的希腊形式就是神庙，其起源是简单的斜屋顶棚屋。得到最大量复制和改进的特征就是三角形的山形墙。作为一种将神庙的侧面与正面联系起来的方式，檐口分叉成两个部分，一部分构件呈水平方向连续地绕过正立面，另一部分跟随着屋顶的轮廓线。结果是侧面与正面完美地结合起来（图 39）。

图 39
帕提农神庙：侧面与正面的结合

---

* 伯里克利（Pericies），公元前 495—429 年，古雅典政治家，在其统治下，雅典文化和军事为全盛时期。——译者注

具有讽刺意味的是，山形墙和柱式的结合是以"柱廊"的形式——几乎是二维的特征，完全背离其起源——而达到永恒的美学状态的。正是希腊人为这一演化步骤铺平了道路，举例来说，就是建于大约公元前 48 年的雅典风塔（Tower of the Winds）。两个小型双柱门廊装饰着八角形的结构，这是已知最早的气象站。完成从功能性形式到装饰性/象征性特色的转变的重任，落在罗马人身上。最壮观的例子就是万神庙。在文艺复兴时期，正是帕拉迪奥最大量地运用了柱廊，将其与巴西利卡或宫殿式住宅结合起来，获得了非凡的效果，这种模式攫取了英国帕拉第奥（English Palladians）新古典主义建筑风格缔造者的想象力（第 11 章）。

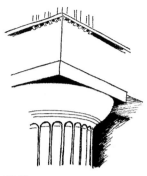

图 40
多立克柱头

多立克柱头是另一个达成和谐的作用因素。最初功能性的承重板转变为顶板和钟形圆饰（echinus）的微妙组合。柱子按照拱座石形状扩大，成为钟形圆饰，在这种风格的后期例子中，钟形圆饰沿近乎抛物线的曲线扩大。这是柱子向檐部的优雅而不夸张的"敬献"（图 40）。

多立克风格的锥形柱是带槽纹的。通常有 20 个凹槽，彼此由尖锐的棱分开。它们代表着手工艺的杰出成就。凹槽止于三到五个带雕刻的箍环，即圆箍线，围绕着钟形圆饰的底部，为视线沿着凹槽上升提供了视觉停顿。它们是上楣极具分量的水平状态之前的序曲和准备。

所有希腊神庙的装饰都集中在高标高处，把视线引导向天空，中世纪的能工巧匠将这一原则发挥到了极致。与此同时，精美的悬挑檐口在建筑和天空之间构成了坚实的边界，有效地抵消了柱子刺破天穹的冲力。

建筑装饰的方式展现出规则模式和混乱模式之间的差异。古典建筑成为规则模式的缩影。其本质是形式和比例方面的严格规则。古典建筑有着极高的重复率，因为关于一幢建筑的大量信息，从数量很少的装饰细部就可以推断出。古典建筑中没有随心所欲的发挥余地。

当规则被打破的时候，即便只是轻微的程度，最起码也会造成心理上的不舒适感。古典语汇逐渐发展成为一种清晰地表达建筑形式、在立面加诸高度秩序的极为复杂的方式，有时打破了巨大雄伟的建筑物那纪念碑式的尺度，例如古罗马斗兽场或者尼姆的圆形露天剧场（图41）。古典语汇也有着结构的目的，通过采用拱券和扶垛拱产生最大的结构强度，同时最为经济地使用材料。从美学观点来看，这种风格的最大贡献在于软化了唐突的交接，使转换更为流畅，产生总体的和谐感。

从另一方面来说，哥特式风格允许展现更多的独创性。在这种风格的总体同一性之内，有着相当可观的发挥个性的空间，甚至离经叛道的

(a)

(b)

图 41
古罗马斗兽场（a）和尼姆的圆形露天剧场（b）

做法。哥特式除了具有形状和装饰特征的广泛语汇之外，还能够将一个大教堂随着几个世纪的发展过程所呈现的各不相同的部分和谐地组织在一起。哥特式是单体建筑中混沌模式的终极表达（图 42）。

强调一幢建筑在水平和垂直平面上的边界，是自古典时期以来建筑

图 42
斯特拉斯堡大教堂西立面

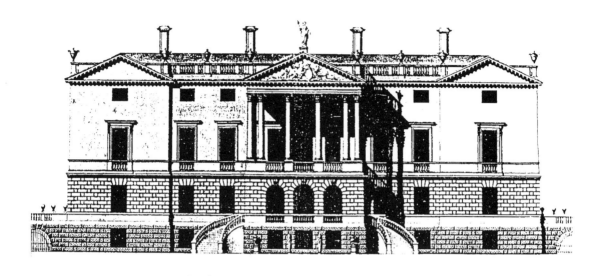

East Front of Sandbeck in Yorkshire

师的追求。希腊神庙的三阶式台基（crepidoma）将建筑坚实地锚固在地面。佛罗伦萨和罗马的文艺复兴时期宫殿建筑普遍采用的粗面石工底层，就是这同一个主题的变式。这种方式不仅从视觉上强调了建筑的底部，而且也提示着精美的建筑是从粗糙的地面升起的。这在人工制品和大自然的作品之间架设了桥梁——一种和谐的特征。在英格兰，这曾经是帕拉第奥新古典主义建筑的标准特征（图43）。

将建筑与宇宙王国结合在一起的强烈愿望在中世纪法德文化相融的大教堂的透空塔尖中充满戏剧性地表现出来，例如位于斯特拉斯堡、弗赖堡、雷根斯堡和乌尔姆的教堂。英格兰的晚期哥特式教堂，例如剑桥的国王学院礼拜堂，以更为亲切的尺度采用了透空的、带城垛的女儿墙，来缓和从实体到虚空的过渡（图44）。

当代的变式

20世纪的最后二十年见证了建筑想象力的蓬勃发展。恰当地强调部分、而不牺牲整体统一性的"游戏"在诸如理查德·迈耶（Richard Meier）、理查德·罗杰斯、弗兰克·盖里这样的建筑师手中以高超的技巧展现出来。迈耶设计的巴塞罗那美术馆（图88）表现了分成两个大类的形式的戏谑性混合，即实体与透明。罗杰斯为威尔士国民大会所作的新设计（图2和图100）利用了透明的外幕墙与室内国民大会会议厅的实体形状之间的对比。在这里有着强有力的二重多样性（bi-versity），但是处于整体统一性的框架内，这一概念首先展现在同样获得成功的波尔

图43
南约克郡的桑德贝克帕克（Sandbeck Park）。原图由其建筑师詹姆斯·佩因（James Paine）绘制

图 44

剑桥的国王学院礼拜堂

多大审法院（Tribunal de Grande Instance）中（图105）。

　　弗兰克·盖里设计的毕尔巴鄂博物馆(图93)展现了充满活力的形式，通过流畅的形状所呈现的一致性得到统一，这些流线型由包裹着整个博物馆的银色钛面板强有力地表现出来。更适合北方气候、并且回应了区域风格传统的，是位于爱丁堡的苏格兰国家博物馆（Scottish National Museum）（图24）。从某种角度来说，这是文艺复兴时期手法主义的当代表达，以实体石砌承重墙的效果和各种切口之间的矛盾体现出来，这些切口展现出与实体感知的背离。强硬的曲线和直线形式被石材表面的色彩和肌理统一起来。*

　　我们将在后续的一章中讨论这些建筑。

　　然而，有序和无序之间的原型抗争正是在诸如阿姆斯特丹或者比利时的布鲁日这样超大规模的城市，以及德国的戈斯拉尔这样的小镇上充满激情地上演着。它们是某种寓言故事，将秩序与和谐对抗不和谐的胜利外化，使人们记住，与其说和谐依赖于相似性，不如说依赖于碰撞。

　　所以，为了总结关于审美体验的本书第一部分，我们可能会同意，老虎身上的斑纹与比如说，阿姆斯特丹所呈现出的和谐的多样性，都是混沌模式的展现，暗示出大自然的鬼斧神工和人工制品之间有着根本的关联。

---

* 　原文是"…forms are reconciled together by the all-over distinctive 'clashach' stone facings."作者认为"clashach"一词是笔误，并将原句改为"…forms are unified by the colour and texture of the stone facings."——译者注

第二部分

帕提农神庙与向日葵

第 9 章

比例的深层结构

一位叫做诺姆·乔姆斯基（Noam Chomsky）的语言学教授使用"深层结构"这一术语来表达这样的概念，即所有语言都以一套共同的规则为基础。规则根植如此之深，以至于在一种特定的语言表述中，几乎没有或完全没有规则的踪迹——然而，这又是一种与混沌理论类似的理念。在这里，是否存在着关于建筑中的比例特性的某种暗含寓意，得以用几乎无穷多样的视觉"语言"来表达呢？

我一开始提出了审美感知的两种基本模式，它们来自于根深蒂固的心理驱力，第一种模式是关于信息形成图案（patterns）的组织方式，第二种模式关注于对比性要素的和谐统一。如果说大自然中的非对称图案是遵循数学原则的结果这一点是正确的，那么，我们就应该能够揭示出证据。这就是正在发展的"生物数学"领域的主旨。那么，大自然中的数学秩序是否构成了那种深层结构，从而成为建筑中"比例"概念的基础呢？

无须否认，人类中的大多数都有着天生的比例感。这是从何而来的呢？在第 5 章讨论的是，大自然中到处都充斥着不对称性："自然界中大量的不对称性使得宇宙成为今天的样子。"[1]这又与比例有着怎样的关联呢？

我们再次转向心理学。人类的心灵已经调适到将信息组织成为最方便的分组。到目前为止，我们关注的都是图案的集组（chunking）基础。也有的时候，适当的组织模式是成为一对或两个一组。发展心理学认为，"每个人生来就具有对于数字二的原始感觉"。社会生物学家 C·J·拉姆斯登（C.J.Lumsden）和 E·O·威尔逊（E.O.Wilson）曾经写道："在很多情况下，解决问题的可能途径是无数的，但是心灵将这些选项简化为一个二元的选择"。[2]在这种语境中所要表述的是，为了达到最经济的感知规则性，心灵将信息集组成为两种明确的模式，包含在一种超模式中。同时我们还有一种内在的、对非对称二元模式的偏好，这就是我们越过界限、进入美学领域的关键点。当两组互不相同但互相关联的信息群在心灵内部取得平衡时，如果结果是非对称的，那么就是最有可能获得审美满意度的。

非对称的概念假定了一个对称的前提条件；类似于大爆炸理论。一个不对称的图案与对称性分离得如此之远，这样就不会产生混淆，但是，与此同时，又不太遥远，不至于切断与其的所有联系。不对称性的力量在于这一事实，即产生与对称状态之间的张力。这就是比例的美学基础，特里斯坦·爱德华兹（Trystan Edwards）在发现了"未决的二元性"（unresolved duality）所具有的令人不甚满意的特性时，对这一问题进行了详细的阐述。对于审美满意度来说，在一个视觉二元体的两个组成成分之间必须存在显著的差异程度。

还有一种意见认为，对比例的直觉感受来自于身体平衡的微妙感觉，这种感觉通过内耳印刻在大脑中。我们对于平衡的边界有着发展良好的感觉，这种感觉只有当其被破坏时，才能被真正认识到，正如美尼尔氏综合征病人所体验到的那样。

其他学者将此联系对大自然中比例的观察。我们通过知觉的潜移默化（perceptual osmosis）吸收了树木和花朵的比例。爱德华·威尔逊声称，与大自然的联系是结构性的。许多年来他认为，大自然的法则已经印刻在我们的大脑中，正如印刻在所有其他生物中一样。对这一点，得到牛津大学著名解剖学家 J·Z·扬的回应：

> 对立与平衡的概念……以及黄金分割的概念，有可能是我们的大脑程序的基本结构的一部分。[3]

这可不是什么浪漫主义的概念。

至少从古希腊雕塑家波利克里托斯（Polycleitus）时代起，比例的概念就已经与数学有着千丝万缕的联系了。直到今天，还有学者仍然这样认为：

> 比例不是个人品位的问题，而是依赖于和谐的数学法则，只有以和谐为代价才会被打破。[4]

这显然就是中世纪时期的信仰，在当时，美被认为是一件具有科学性的事物，无论是在建筑中，还是在音乐中。以直觉的方式来研究美，是不能容忍的。在文艺复兴时期，建筑的比例追循着音乐理论中更为精确的比例，以帕拉第奥的建筑成就作为顶峰。鲁道夫·威特科尔（Rudolf Wittkower）在其《人文主义时期的建筑原则》（Architectural Principles in the Age of Humanism）[5] 一书中，对此讨论得极为精彩。

也有着反对在视觉领域采用严格的数学方法来研究和谐与比例的非常好的论证，它们认为这是因为人的眼睛和耳朵回应信息的方式是完全不同的。如果一个音符只有非常轻微的走调，耳朵也能够准确地感觉到，但是，眼睛在色彩或形式的和谐方面有着相当程度的包容性。

对一个构图中的要素究竟是"合乎"比例，还是"不合乎"比例作出决断，这一动作预设了某种非常微妙而复杂的心理运作。要点在于，比例的理念根植于对于两种完全不同但属于同一个参照系的信息模式的比较之中。关于比例的决断涉及对两种既有差异又有联系的实体之间的关系特性的评估，例如门的大小与房间的四边尺寸。

先前人们认为，尽管美学范畴呈现出其宽广性和丰富性，但是根本的假设在于，美感来源于基本的生存程序，尤其是将大量进入的感官印象组织为有序模式的心理需要。二元模式是最基本的秩序形式。诺姆·乔姆斯基将这一点运用于他的研究领域，认为语言具有二元的属性，使我们日后倾向于以相反命题来处理一个论点。这种简化技巧的目的在于，能够达成明确的决定。如果两种组成部分太过精巧地平衡了，并且因此无法分解为主要的和次要的，那么，不确定性就占了上风。在建筑学中，这就产生了未决的二元性，这从本质上来讲是丑陋的；对动物来说，这有可能是致命的，正如饿死在两堆同样的干草中间的毛驴这种不走运的情形所描述的一样。

二元选择的结果最理想地呈现出主要和次要之间的明确区分，因此就消解了不确定性。正因如此，这就是心灵在构建一个关于世界的有秩序的心理模型的任务中所采用的基本策略之一。与此同时，由于有必要设定两个既相互关联又相互对比的组成部分的相对位置，它也包含了一种挑战。对于中世纪的学者来说，这是显而易见的，正如翁贝托·埃科（Umberto Eco）所叙述的：″美诞生于对比，这一点是所有经院哲学的共识。″[6] 与此同时，这是一幅有秩序的构图中的对比：″各部分之间优美的秩序化产生了统一的整体″（Ordinatio partium venusta），这就是建筑中良好比例的基础。

接下来的问题就是研究″优美的秩序化″（beautiful ordering）的特性。我们可以从维特鲁威开始，正如阿尔伯蒂（Alberti）所解释的：

> 美是由建筑各部分比例的理性结合而组成的，其方式使得每一个部分都有着固定的尺寸和形状，而且在不破坏整体的和谐的前提下，任何部分都是不能被抽取出来的。[7]

这一观点仍然鲜活，正如下面这段引自《每日电讯》（Daily Telegraph）的通讯员撰写的、关于在海牙举办的一次画家维米尔（Vermeer）展览的评论：″对这种精美构图的一部分哪怕只是移动一英寸，都会打破其平衡。″[8] 无独有偶的是，维米尔再次在这一方面获得赞誉，这次是由著名时装设计师维维恩·韦斯特伍德（Vivienne Westwood）发表的言论。在描述《花边女工》（The Lacemaker）时，她说道：″多一个分子或是少一个分子，都会破坏平衡。″[9]

所有这三段引文都暗示着，从某种程度上来说，心灵都赋予建筑或绘画的元素以重量的属性，以达成审美的评判。我们想当然地将物理学术语，如"平衡"、"均衡"或者"重量"等，用于艺术术语。然而，这表明大脑有着某些不同寻常的才智。

心灵是怎样得出结论，即"每一个部分都有着固定的尺寸和形状"，或者说，以完美的分子平衡来呈现的呢？更引人注目的是下述事实，即个体之间会就特定的艺术作品的情形达成共识，例如维米尔的作品。我们说一幅绘画有着"均衡的"品质，这意味着心灵已经在绘画所用的颜料和物理学之间建立了关联。这提示我们，绘画的各个要素之间相互作用，好像它们在物理学的世界中拥有质量一样。它们是互相影响的。信息也有重量。心灵似乎对质量、能量和力场之间的关系有着直觉的意识：这是 $E=mc^2$ 的心理学表达。

这就好像在说，视觉特性拥有着能量强度，正如在莫奈的作品《日出印象》中一样，就是这幅画启发了"印象派"这一术语。

明亮的橙色圆盘占据了画布的一小片区域，但是，却主导着整幅画。它具有信息强度，主导了构图的其余部分。这是由于其呈现出的色调和相对明度。橙红色是最负载象征性的色彩，使人联想到火——太阳给予生命所需的能量，也会联想到其破坏性的一面。火是人类技术发展的根源。可能一个特性被感知到的重量和相关联的影响场域，与其引发的神经细胞的活动程度有着直接的联系。但是，这只是推测。

这就将我们带回先前讨论过的关于宇宙的混沌模型，在这个理论中，宇宙就是一个由互动的重力场组成的、几乎无穷无尽的系统，星体影响着其他的星体，也被其他星体所影响。这与一个值得记忆的城市景观或者一幢建筑的立面布局所呈现的缩微宇宙是类似的，但是，原理是相同的。物体拥有信息的"质量"，彼此相互作用，好像都包含在一个封闭的力场系统之中。似乎最令人满意的情形是来自于处于张力平衡的系统，越趋近不稳定性的边缘越好。

人们曾经提出过，相互影响的力，比如说，广场内建筑物之间的影响力，是其复杂性或者视觉重量的函数。保罗·波托盖希（Paulo Portoghesi）认为，建筑产生力场，根据其大小、接近程度和装饰而产生的能量来填充空间。[10] 这种观点得到了鲁道夫·阿恩海姆（Rudolf Arnheim）的回应。[11]

一个元素被感知到的重量，或许可以归结为以下特性之一或更多：

- 与整个被感知到的参照系相关的大小；
- 色彩的色调、亮度或明度；
- 肌理的相对影响；
- 象征性的联想；
- 符号的关联；
- 形状和内容的复杂性。

现在我们来总结一下，当我们评论艺术和建筑时，我们常常使用重量的类比来描述一个特征或色彩。视觉构图影响心灵的方式等同于重力系统；这是对于宇宙动力学的缩微表征。力彼此加强或相互抵消，当合力为零时，我们感知到均衡。比例关涉到一个刚好处于失稳边缘的稳定系统。在这里又使我们回到突变理论（catastrophe theory），该理论认为，系统根据变化的张力而调整，直到它们达到弹性极限。然后，就发生突变，这仅仅是一种表明事物已经调整到一套新的稳定参数的方式。我们可以通过龙头里的水流来示范混沌原理。当水龙头打开时，水流会组织成稳定的、有秩序的流体，随着流量增大，继续保持这种状态。然后就会达到一个点，水流打破原有秩序，呈现一种混乱的模式。这就是稳定性的边界，而美正是存在于这一边界的一侧。

参考文献

1 Frank Close, 'Fearful Symmetry', *New Scientist* (8 April 2000), p.2.

2 C.J.Lumsden and E.O.Wilson, *Genes, Mind and Culture* (Cambridge, Mass.: Harvard University Press, 1982), p.89.

3 J.Z.Young, *Programs of the Brain* (Oxford:Oxford University Press, 1978), p.243.

4 HRH The Prince of Wales, paraphrasing Polycleitus.

5 Rudolf Wittkower, *Architectural Principles in the Age of Humanism* (London, 1952).

6 Umberto Eco, *Art and Beauty in the Middle Ages* (New Haven, Conn.: Yale University Press, 1986), p.35.

7 Vitruvius, *De re aedificatoria*, Book VII, Ch.5 (1485 edn).

8 *Daily Telegraph*, 22 November 1995.

9 Vivienne Westwood, *The Guardian Weekend* (11 December 1999).

10 Paulo Portoghesi, *Le inibizione dell' architettura moderna* (Rome, 1974).

11 Rudolf Arnheim, *The Dynamics of Architectural Form* (Berkeley: University of California Press, 1977).

第 10 章

美的数字命理学

奥古斯丁（Augustine）是一个把数学和音乐联系起来的人，他曾经详细阐述了比例、大自然和美之间的关联。在《论音乐》(De musica) 中，他对和谐的科学性作出了解释。他阐释了和谐的音程是如何具有数学基础的，以及完全谐和音(perfect consonances)的音程——也就是说，1：1，或者说，对等性（纯一度）；1：2，八度音程；2：3，五度音程；以及 3：4，四度音程——揭示出宇宙潜藏的美的比例关系。把这些音程转译到建筑学，就是"将心灵从表象的世界引领到对神圣秩序的沉思"。[1]

哥特建筑背后的原则在于，音乐是神圣的赐予，它向人类预示了天堂的幸福和美妙。"可以看到和听到的和谐实际上是对终极和谐的模仿，那是受上帝保佑的人在来世将享受的。"[2] 所以，按照奥古斯丁的观点，真正的建筑师是一位精通关于和谐的神圣律法的人，这使他的地位远远高于建造匠人。"上帝是具有创造性的建筑师 (elegans architectus)，他将宇宙建造成他的华丽殿堂，借助于音乐中和音的'微妙序列'，来组织创物的多样性，并使之和谐一致。"[3] 因此，我们在这里就有了数学与大自然之间的科学的连接——这就是中世纪学者所认为的科学。这似乎与大自然中的混沌理论相去甚远，该理论连接着美与审美感知。这似乎与先前引用的伊恩·斯图亚特的论述有矛盾，即"我们常常认为不完美的对称比精确的数学对称更美"。[4] 让我们来探讨这一悖论。

人类被全然视作有机体，与大自然这个整体有着同样的特征，即均衡是终极目标；但是，作为*精神存在物 (mental beings)*，优选的状态是不平衡。生命在有序和无序之间蓬勃生长；由于非对称和张力的存在而获得成功。

在过去的半个世纪中，生物数学这一新兴科学的出现导致对构成大自然的规律性的更进一步理解，不论是在动物的图案构成或植物的生长方面。我们似乎是生活在一个由图案组成的宇宙中。例如，在大部分花朵中，花瓣的数量可以列入某种数列中，即每一个数字都是前两个数字之和。比如，百合花是 3 瓣（2 + 1）、毛莨和天竺葵是 5 瓣（3 + 2）、飞燕草是 8 瓣（5 + 3）、金盏花是 13 瓣（8 + 5）、紫菀是 21 瓣，而大多数雏菊是 34 瓣、55 瓣或 89 瓣。这些数字可以看做属于斐波纳契级数。在 1202 年，意大利比萨的列奥纳多，即著名的斐波纳契，或者叫"博纳乔（Bonaccio）的儿子"撰写了一篇专著，倡导从罗马数字转向埃及数字。他举了一个例子，他观察到的兔子的繁殖率符合下列级数，即 1、1、2、3、5、8、13、21、34、55 等，这一数列就以他的名字命名。这一数列并不是他的发明。显然埃及人很久以前就已经知道了。

研究表明，斐波纳契数列根植于螺旋形的盘旋发展和植物的生长模式之中。如果一个圆形被分成不相等的部分，这样其各自的面积对应于斐波纳契数列的邻近值（数值越高越好），那么分割的角度就是 137.5°。这在植物生长中是一个特别重要的角度。

例如，在向日葵的情形中（图 45），在一个生长中的植物的顶端，有一个特殊的部位叫做芽苗顶端。在顶端周围，形成了微小的凸起，叫做原基（primordia）。这些原基沿着紧凑地盘旋起来的螺旋形移动，这种螺旋形叫做生成螺线（generative spiral）（图 46）。这种具有动力的行为似乎来源于下述事实：即原基的设计就是为了互相排斥，就像带有同种电荷的磁铁一样。因此，每一个原基都是当前一个原基达到某个点的时候就开始其螺旋状的旅程，这一点就是确保邻近的原基与圆心的夹角为 137.5°的那一点，因此这一角度叫做"开展角度"（angle of divergence）。

图 45
向日葵

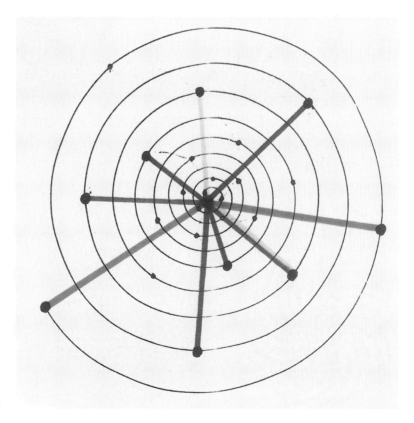

图 46
呈 137.5°的斐波纳契开展角度

其结果是形成了紧紧包裹着的斐波纳契螺旋形，它代表了在向日葵的顶端最有效的包裹种子的方式。这是后成手册的清晰的证明，也就是说将种子送到仅由两个基本规则构成的未知之所：

- 带有同样〝电荷〞的花部（florets）互相排斥；
- 花部沿着其发展轨迹的启动时机是由 137.5° 的开展角度所决定的。当前一个原基从顶端沿着其螺旋路径生长、达到这一开展角度时，新的原基就正好开始其旅程。可能这就是 DNA 指令要沿着螺旋路径发展的力量克服了花部之间彼此排斥力的那一点。

斯图亚特展示了计算机研究表明了这一开展角度如何产生了花部围绕中心最有效的包裹方式。哪怕最轻微程度的偏离这一角度都会导致事物分崩离析（图 47）。

花部的这种包裹方式也产生了放射状花轮，一组顺时针旋转，另一组逆时针。在这里，斐波纳契序列是显而易见的。例如，菠萝和松果有 8 排花部，或者叫做鳞苞，向左侧呈螺旋形上升，13 排向右侧螺旋上升。这可以描述为 8：13 的斐波纳契叶序。向日葵的叶序依据品种不同，包括了 21：34、55：89、和 89：144；雏菊的叶序是 21：34，不一而足（图 48）。

故事还有更进一步发展。当螺旋形展开成为三维螺旋结构时，斐波纳契角度决定了茎上的叶片分布。一片接一片生长的叶子之间的 137.5° 旋转角确保所有叶片最大限度地获取阳光。这是斐波纳契叶序的扩展（图 49）。[5]

为什么这一点特别强调斐波纳契序列呢？答案是这种序列产生了艺术和建筑史上最著名的比例关系：欧几里得几何中的黄金分割，或者叫黄金比例（简略地表达就是希腊字母 φ）。序列中任意两个数值之间的比例会产生出黄金数（golden number），随着序列中数值越大，准确度越高。所以，举例来说，3：5 = 1：1.666、21：34 = 1：1.61904、55：89 得 1.61818，这就接近于黄金比例的实际值 1.618034……

图 47
a=137.3°，b=137.5°（黄金角）
（golden angle），c=137.6°

a   b   c

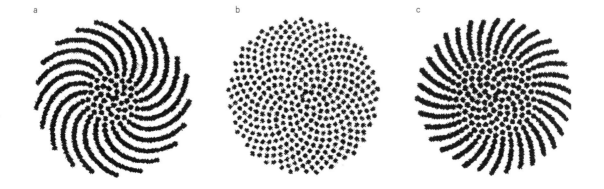

图 48
相反的斐波纳契花轮

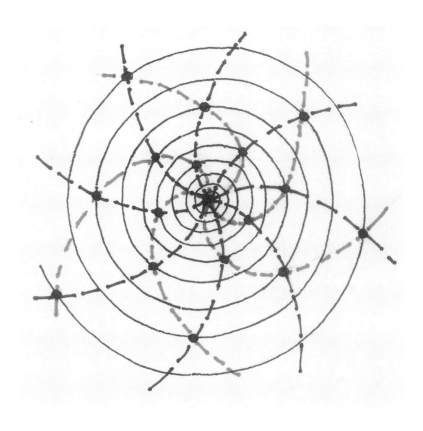

再回到圆形，黄金角度 137.5°的对角是 222.5°。当 222.5 除以137.5、360 除以 222.5 时，就会产生黄金值 1.618。当这些分数取其倒数时，结果就是 0.618，即"黄金分割"（golden cut）。

总之，显而易见的是，黄金分割比率是生长背后的主要原则，不论是植物的出枝、叶子的脉序、还是花部的排列。这并没有什么神秘之处；这并不是设计以产生美的模版，而是用来确保植物获得最有效的生长，并能够最大限度利用环境。大自然中充斥着斐波纳契数值，这暗示出该序列提供了最佳发展的理想机遇。

图 49
三维的斐波纳契

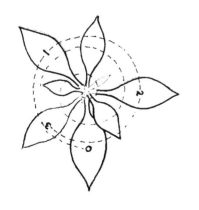

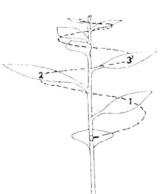

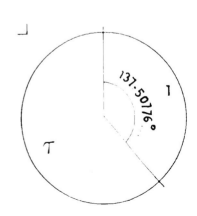

等一下，我们还有疑惑：有没有可能在斐波纳契数列、混沌理论和分形几何之间建立关联？我们已经注意到大自然中的发展原则如何基于对立面之间的对抗的：吸引和排斥、均一性和不均匀性、对称和非对称等。早就有人指出，一棵树以是越来越小的尺度对自相似性的分形展示。在植物的出枝过程中，通常是由斐波纳契比例来确定枝杈伸出茎或树干的点。在分形几何中，一个系统开始时是对称的，但是，随后到达一个分形点（fracture point）——分形的名称由此而来，这时系统变得混乱。在植物中，茎代表对称，枝条代表分形的点或者叫做分枝点（bifurcation）。相互竞争的能量场域最终将这一矛盾解决——"成为茎"（stem-ness）对抗"成为枝"（branchness）——分枝点代表着"成为枝"的胜利。似乎斐波纳契比例精确地设定了分形的位置，不论这导致枝条的突出还是叶子的生长。混沌理论和生物数学应当密切联系起来，这是符合逻辑的；留给后人的挑战是证明这一点。

将大自然的发展过程所呈现的数学证据与股票市场的表现联系起来，似乎风马牛不相及，但是，这正是约翰·卡斯蒂（John Casti）发表在《新科学家》上的一篇论文作出的论断。[6]他认为，"雪花的不规则形状背后的数值，也可以用来描述我们人类社会的金融活动。"他继续提出问题："金融数据是一个方面，但是，为什么描述贝壳的螺旋线的数学，也能够引起我们的技术进步呢？"

美国洛杉矶一位会计师拉尔夫·N·艾略特（Ralph N.Elliot）分析了大萧条时期的股票市场行为，当时市场在1929年崩盘后的三年内失去了市值的90%。他在市场指数，例如道琼斯指数，中找到了重复的波浪模式。他声称，股票市场的运动直接反映了受到群集本能（herd instinct）调节的人类心理——"人类情绪的韵律"。这些模式后来被称作"艾略特波浪"（Elliot waves），产生这些波浪形的韵律"以确定的数量和方向的波浪形式运动"。其结果是，这种数量和方向与斐波纳契数列有着紧密的联系。

金融专家罗伯特·普雷希特（Robert Prechter）就是那个将艾略特波浪与斐波纳契序列建立关联的人。他声称，"这些模式揭示出大自然的数字和所有人类行为之间的直接关联。普雷希特尔相信，这种波浪形模式就是包罗万象的社会行为的组织原则，其范围涵盖从报纸销售额到国家领导人的命运。"[7]

那么，艾略特波浪与斐波纳契序列之间的关联又是什么呢？波浪形有两个组成成分：一种推动的成分，标示出向上的推力，同时在相反的方向又一个修正性（corrective）的要素。始终不变的是，一方胜过另一方，决定了总体的方向是向上还是向下。实际上，通常描述运动的平滑曲线，如股票市场的波动，事实上含有许许多多微小的凸起。目前已经揭示出的规律是，正是这些凸起的排列与斐波纳契产生了连接。

例如，如果高级别的（higher-order）波型形成了一个向上的趋势，那么一个艾略特波浪就是由三个成分组成的修正波型（corrective pattern）和五个成分组成的推动波型（impulse pattern）构成，使总体波型包含八个成分（图50）。这些波浪的组成成分再次按照同样的比率分裂。"组成艾略特模式的波浪数量在每一个连续的细节水平上，都是斐波纳契序列的准确数字。"随后，卡斯蒂得出结论说：

> 艾略特波浪和斐波纳契序列之间的关联是引人入胜的，因为它使得成为股票市场基础的波浪原理与其他的大自然模式以及生命形式中可以发现的过程联系起来。斐波纳契序列似乎遍布所有的科学领域：它描述了贝壳中发现的螺旋图案和DNA螺旋体，以及松果和向日葵种子端部的螺旋形的数量……[8]

在结论中，卡斯蒂提出了如下问题：

> 如果艾略特波浪能够描述所有的人类活动——经济趋势、战争、购物习惯和政治主张——而在大自然中无处不在的一个数字序列就可以描述艾略特波浪，那么，我们的行为是否在某种程度上由数字所决定呢？难道我们所做的事情仅仅是一种自

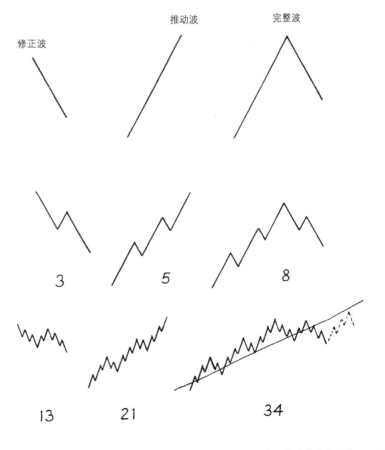

图 50
艾略特波浪和斐波纳契值
(Fibonacci values)

然过程,就像雪花或贝壳形成的方式那样?从某种意义上来说,对于我们所有的聪明才智和我们所珍视的自由意志而言,似乎我们或许只能依靠数字而为了。[9]

或许毕达哥拉斯学派将黄金分割作为基本的美学标准,不仅仅是一种巧合。很有可能毕达哥拉斯在埃及学习期间,了解了 ϕ 的神秘之处。在公元前 300 年至公元 500 年间,亚历山大学院(School of Alexandria)是古代最伟大的数学学校。

有证据表明,伊斯兰的建筑师早已知晓黄金比率;例如,它出现在耶路撒冷的金顶清真寺的岩石穹顶(Dome of the Rock),以及格拉纳达的爱尔汗布拉宫中。在印度,也有关于我们称之为"视觉 ϕ"的证据——例如,出现在金布瑟尔(Jambushuar)寺庙城(temple city)的总尺寸中、泰姬马哈尔陵坐落于 ϕ 矩形之内,等等。

从数学上来说,黄金分割是由以下公式产生的:根号 5 减去 1 除以 2:

$$\frac{\sqrt{5}-1}{2}$$

从线性项来说,这就是一条线段被不均等分割的那个点,使较长的线段与较短线段的比率,与较长线段与整个长度的比率相同(图 51)。

无数试验表明,被试倾向于喜欢非常靠近黄金分割比例的长方形。

古斯塔夫·费希纳(Gustav Fechner)是 19 世纪众多实验心理学家中最著名的一位,他研究了 ϕ 矩形的吸引力。著名的费希纳图形(Fechner graph)绘出了被试对于一系列矩形的偏好,其范围从正方形到长宽比为 2∶5 的长方形。四分之三的实验对象选择了正好是、或者接近于 ϕ 比例的矩形(图 52)。在 2002 年,在设菲尔德大学,来自不同学科的学生参与了一项实验,也得出了类似的结果。

心理学家在描述这一比例的恒久审美主导性时提出,这代表了两个实体之间抗争的最佳结果,即一方缓慢取得主导地位,直到系统达到"稳定性边界"的那个点。鲁道夫·阿恩海姆将和谐的理念与心灵强烈排斥不确定性联系起来。他认为:

> 比例关系基于微小差别……[这样的比例]使得眼睛不能确定看到的是相等的、还是不相等的东西,是正方形还是长方形。我们无法说出这一图形所要表达的意图。[10]

黄金比率的矩形代表着与正方形相区分达到最大限度清晰性的那一

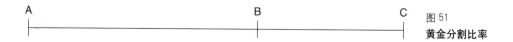

A   B   C

图 51
黄金分割比率

图 52

φ 的偏好图

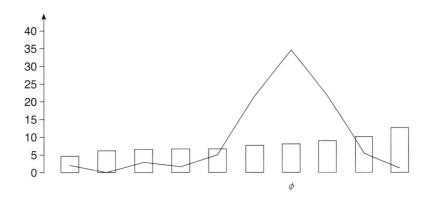

点。随着一种能量途径（energy path）战胜了对手，在某一点停住，占据主导地位，同时仍然使次一级的实体能够保持其完整性，这时，新的稳定性就产生了。其结果是一个非对称的图形；秩序中来点儿张力作为调剂。这恰巧与生物数学的观点相吻合。斐波纳契数列是否就是那个点，使得一个能量场域足以战胜其对立面、创造出非对称但却稳定的最有利于生长的模式呢？

在音乐中，黄金比率在德彪西和巴托克的音乐作品中各个乐器组的组织方面可以清晰地看到。例如，在德彪西的作品"意象集：水中倒影"（Image，Reflections in Water）中，调式的顺序（sequence of keys）由 34、21、13、8 这样的音程表示出来，而主要的高潮就在 φ 的位置。在巴托克的作品"为弦乐、打击乐器和钢片琴写的音乐"（Music for Strings，Percussion and Celesta）中，木琴的进行以 1：2：3：5：8：5：3：2：1 的音程出现。

黄金分割长期以来与绘画关系密切。克劳德·莫奈显然似乎对此极为推崇，在数幅绘画作品中，要么偶然用之，要么精心设计使然。

φ 矩形转化在建筑中最著名的例子是帕提农神庙的端部立面（图 53）。人们一致公认，这被认为是能够设想出的最和谐的立面之一，尽管看到它的大多数人并不知道其与黄金分割比率的关联。立面进一步分割成 φ 比例，柱廊加上台基（或者叫基座）代表 1.62，而檐部加上山花的总高度代表 1.0。

关于 φ 比率的其他例子有位于普里埃内（Priene）的雅典娜神庙，以及位于罗马的君士坦丁凯旋门（Arch of Constantine）。勒·柯布西耶将其精心构想的模数基于黄金分割，在他这里，模数来自于人体的比例（图 54）。

然而，证明黄金分割所具有的审美力量最雄伟的证据，并不是帕提农神庙，而是位于法国沙特尔的圣女教堂（Cathedral of the Virgin）（图 124）：

1·618

图 53
帕提农神庙与 φ

1·0

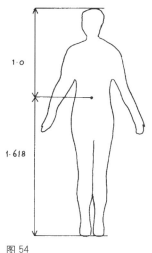

图 54
φ 与人体

1·0

1·618

　　在沙特尔大教堂，比例是作为一个全面的整体所呈现出来的和谐的联系而被体验到的；它决定了底层平面及立面；通过黄金分割这个单一的比例，它不仅将每一个部分彼此"联系"（chains），而且与包容一切的整体也形成"联系"。[11]

　　从帕提农神庙中可以得出一个经验，即它的魔力绝不仅仅在于其运用的数学原理，并且这种魅力是不可复制的。曾经建造过一丝不苟的准确复制品，但是，都无法捕捉原作的精华。严格使用数学比例并不能保证成功。其中一个理由是，复制品无法捕捉地中海的光线洒落在潘泰列克大理石上所呈现的独特品质。

　　但是，或许最重要的因素是，帕提农神庙不是孤立的一座建筑。它是雅典卫城大家族中的一员，尤其是带有壮观的女像柱门廊的、呈不对称构图的厄瑞克修姆神庙。使帕提农神庙如此杰出的是建筑与其道路的关系，这是在古代确立的泛雅典娜节游行路线（Panathenaic procession），行进队列沿向上的切线方向趋近神庙。这意味着看到这座建筑全貌的时刻，正好被精美的山门建筑（Propylaea）限定在景框中。这就是那种永久镌刻在人们记忆中的场景（图 55）。

　　还有没有其他因素共同使得帕提农神庙成为优美比例的缩影呢？将目光超越数学领域，我们在神庙中看到的是垂直性带来的合力与那些强调水平方向的合力之间的基本对比。周边柱子的快节奏呈现出垂直性，与檐部强有力的水平线条形成对比，三级台阶的基座或者叫台基对水平性进行了呼应。我们所感知到的是以水平性为主导的建筑，所以水平方向的联盟获得胜利，但是取胜的程度仅仅足以消除不确定性。柱子绝没有蒙羞。我们所拥有的是具有动力的

图 55
从山门走向帕提农神庙

稳定性的一个例子。在被集组的信息丛的相互作用方面，这是黄金分割比率的*类似物*（图 56）。

　　一旦我们撇开严格的数学比率，以模糊的方式将黄金比率应用于相互比照的信息模式时，我们就为更富有成效地评估建筑打开了一扇门。正如前文提到的，眼睛在估量比例方面比耳朵感知和谐方面的容差性更大一些。试验研究表明，在两个矩形的高宽比变化达到 6% 之前，大脑是无法辨别出来的。这就意味着当矩形的高宽比在 1：1.57 和 1：1.67 之间时，仍然能够被感知为 ϕ 矩形。这就是为什么用"斐波纳契"这一术语比 ϕ 更合适的原因。正如我们说过的，随着序列进展，斐波纳契比率一直在变化，因此，在本质上它是不精确的，而 ϕ 则暗示着数学规定。在大自然中，正是这种不精确性避免了锁相（phase lock）*，而在审美感知中，则允许一定的变化幅度。然而，这种变化幅度是有限的，这就是为什么斐波纳契的概念能够形成比例理论的基础。在处理复杂信息丛的相互平衡时，是不可能达到数学精确性的。

　　幸运的是，在组织信息方面，眼睛能够完成许多程序，以达成审美判断。最近关于大脑运作方面的研究使我们能够对这些程序的复杂性略

＊　锁相的意思是系统由于重复而锁定，因此变得稳定。大自然中内在的动力性取决于非对称性。在美学方面，黄金比率被认为是代表了非对称性的临界极限。差异太少意味着僵局；太多就等于混乱。有时 ϕ 被认为是正好处在混乱的边缘。——译者根据作者解释注

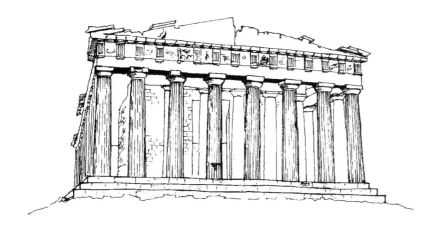

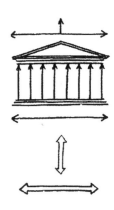

图 56
帕提农神庙，对立的轴线

窥一斑。

是的，的确存在比例的数学基础，但是这不是波利克里托斯时代的数学。正相反，这是一个模糊的版本，为更为激动人心的概念铺平了道路。

一旦我们从传统审美分析的桎梏中解脱出来，我们就能够开始认识到新的关系：例如，帕提农神庙与保罗·鲁道夫（Paul Rudolf）设计的耶鲁大学艺术与建筑系馆之间的关联（图 57）。正如帕提农神庙，耶鲁大学的这座建筑代表着两种特征之间的强烈对比，这两种特性分属两个阵营，不是与垂直要素、就是与水平要素结盟。从总体上看，建筑是以水平要素为主导。但是，在这种主导之内，垂直要素也强烈地表达了自身，正如帕提农神庙一样。在第二个层面的对比中，建筑在实体和透明之间、野性主义和精美之间也存在温和的抗争；但是，稍后我们还要更多地讨论这一点。

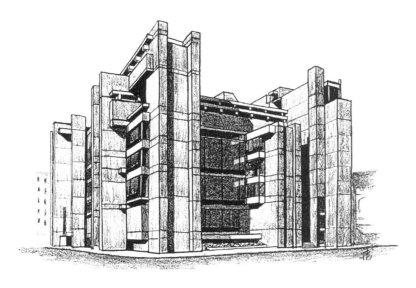

图 57
耶鲁大学艺术与建筑系馆

参考文献

1 Otto von Simson，*The Gothic Cathedral*（London：Routledge and Kegan Paul，1962），p.22.

2 Ibid.，p.24.

3 Augustine，*De planctu naturae*，PL，CCX，453，Alan of Lille.

4 Ian Stewart，*Nature's Numbers*（London：Weidenfeld and Nicolson，1995），p.73.

5 Ibid.，p.79.

6 John Casti，'I'll Know What You'll Do Next Summer'，*New Scientist*（31 August 2002），p.29.*

7 *New Scientist*（31 August 2002）.

8 John Casti，'I'll Know What You'll Do Next Summer'，*New Scientist*（31 August 2002），p.31.

9 Ibid.，p.32.

10 Rudolf Arnheim，*Art and Visual Perception*（Berkeley：University of California Press，1954），p.22.

11 von Simson，*The Gothic Cathedral*，p.214.

---

* 此处原文的参考文献有误，从第 6 项开始，作者做了修订。——译者注

第11章

主题的演变

　　我们再回到古典语汇，当人们看到位于英国巴斯的普莱尔帕克 (Prior Park)（图58）时，首先映入眼帘的并不是其数学比例的准确性，而是其主要元素之间的对比，即宫殿部分和神庙部分的对比。帕拉第奥一举将居住要素和神圣要素进行了永恒的联姻，在这些原型对立面之间架起了桥梁，发出了和谐效果的终极宣言。

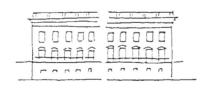

图 58
巴斯的普莱尔帕克，以及信息的划分

在这里可以看到两种不相关联的信息连接在一起，形成一个统一的整体。它们按照心灵的尺度取得平衡，来考察它们各自的信息"分量"，或者说密度加起来是否达到审美满意的结果。

宫殿部分是体量比较大的要素，但是在信息密度方面相对较低。与之相反的是，神庙部分有着更多的象征性分量。门廊承载着社会地位、宗教信仰，以及古典艺术的信息，沐浴在希腊和罗马的光辉之中。它比住宅部分在视觉方面更为复杂和精致，光影之间对比的分量更重。其结果是门廊成为主导，但是仍在斐波纳契数列的模糊界限之内。它赢得了竞争，但是充其量只是消除了不确定性。宫殿部分仍拥有其自尊。

普莱尔帕克表明了这一原则，即心灵在对一幢建筑或一幅绘画作品的比例进行"称重"时，首先识别基本的信息划分，其次将主要的元素分离出来，赋予其重量的属性。在完成了这种解析和分析之后，再将这些部分组合起来，考察统一的整体，并得出审美的终极论断。

如果我们对大脑参与这种操作的能力感到任何怀疑的话，近期发表在《皇家学会会刊》（Proceedings of the Royal Society）[1] 上的论文提出的假设应该有助于消除这种疑虑。该假说提出，意识是一种多重现象。伦敦大学学院（University College）的教授泽米尔·泽基和安德烈亚斯·巴特尔斯（Andreas Bartels）相信，心灵内存在几种"微观层面"的意识（'micro' consciousnesses），它们合起来可以形成对一个物体的总体感知。心灵利用意识的几种平行模式来分析单一物体的不同视觉方面。不仅仅是大脑的不同部分处理一个物体的不同属性，而且它们以不同的速度来处理。对于意识的这种"联邦制"观点为下述观念提供了基础，即心灵能够重点关注一个物体的各个部分，然后再把它们汇总，目的在于达成审美的终极论断。在泽基撰写的《内在视觉》（Inner Vision）一书中，这一主题得到发展，他识别出大脑对于色彩、物体识别、面部特征进行回应的准确区域，甚至还有一个区域专门感知运动。[2]

让我们回到建筑学。如果我们把普莱尔帕克和位于伦敦里士满附近的奥斯特利帕克（Osterley Park）进行比较的话，后者是一幢建于 16 世纪的住宅，由罗伯特·亚当（Robert Adam）进行过重新设计，就可以看到该建筑的门廊在尺度方面做得过了头（图 59）。

然而，如果我们把普莱尔帕克和由威廉·威尔金斯（William Wilkins）设计的伦敦大学学院（图 72）进行比较的话，我们可以看到宫殿部分和门廊的关系会错到什么程度。门廊与宫殿的要素相比尺度太大；实际上压过了它。这还不是这座建筑唯一的问题，我们下面就会看到。

普莱尔帕克是一个基本的帕拉第奥式构图。稍微复杂一点的是桑德贝克帕克，这是位于南约克郡的帕拉第奥式宅邸。它采用的是同样的基本原则，只是在端部有凸出的线条，顶部冠以山形墙。所以，门廊范

图 59
位于伦敦的奥斯特利帕克

围内的一小部分被输出到宫殿的要素中。在它达到一种简单的双元模式
的动力中,两侧的山形墙被并入了主门廊的信息丛中,加强了主门廊
的总分量——所以,结果仍然是神庙特性(temple-ness)与住宅特性
(house-ness)的竞争。你或许同意,其结果是以与普莱尔帕克类似的
方式达到了和谐的比例关系。桑德贝克猎园引入了审美清单的另一个方
面。端部略微突出的线条,以及上部的山形墙,其作用在于给予建筑一
个"句号"。它们强调了整体性和控制,并且在建筑与周边环境之间设
定了坚实的边界。用格式塔的术语来说,它们强化了模式的"闭合"(图
60 及图 43)。

　　我们还可以在更为亲切的尺度上看到类似的效果,这就是帕拉第奥
在意大利维琴察设计的特耶纳宫(Palazzo Thiene),其转角处以三重壁
柱来达成这样的效果(图 61)。

图 60
南约克郡的桑德贝克帕克

图 61
维琴察的特耶纳宫

英国在 18 世纪对帕拉第奥式建筑表现出极大的热情，将他的三段式构图改造后运用于英国的景观，就像在诺福克的霍尔克姆府邸（Holkham Hall）那样（图 62）。这是怎样产生了二元性的分析的呢？同样，心灵首先扫视最明显的二元划分，在这个案例中，就是位于中央的大房子与两侧的亭子式建筑之间的划分。亭子是一模一样的，所以它们组成了单一的信息组块，以便被主体住宅所主导。这座建筑也属于和谐比例的范畴，当我们把它与北爱尔兰的弗洛伦斯宫（Florence Court）（图 63）相比时，这一点是显而易见的。

帕拉第奥式建筑一般都遵从构图方面应当没有模糊性的古典法则。在这个方面，英国伯克郡的巴斯尔登庄园（Basildon Park）出现了问题。第一眼看过去的时候，约翰·卡尔（John Carr）创造了一个简单明了的帕拉第奥式整体建筑（图 64）。但是一旦分析起来，就出现了模棱两可的情形。这应该解读成一个标准的但每个端部还多一点儿东西的帕拉第奥式构图呢？还是应当被感知成三组半独立的要素？仅仅用于主体要素底层的粗面石工手法暗示出，这是建筑师的意图。这种不确定性破坏了设计的整体性，尽管其细节的构图遵循着古典原则。

20 世纪 80 年代的后现代时期产生了大量的、对于宫殿 - 门廊主题的当代诠释，最基本的形式是采用神庙的外轮廓，但是细部简化为玻璃幕墙（图 65）。

也许帕拉第奥的作品中最宁静安谧的例子，就是维琴察附近的卡普拉别墅（Villa Capra）或者叫圆厅别墅。在这个例子中，门廊 - 宫殿组合的上部是一个比例完美的低矮轮廓线的穹顶。英国帕拉第奥新古

图 62
诺福克的霍尔克姆府邸

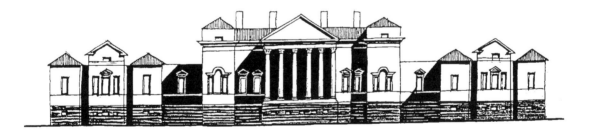

图 63
北爱尔兰的弗洛伦斯宫

图 64
伯克郡的巴斯尔登庄园

图 65
后现代表现形式的宫殿－门廊
构图

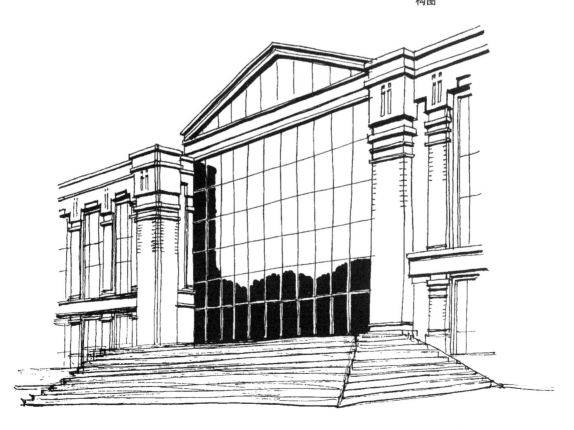

图 66
诺福克的霍顿府邸

典主义风格引入了这种组合，例如位于肯特郡由科林·坎贝尔（Colin Campbell）设计的梅瑞沃斯城堡（Mereworth Castle），以及由伯灵顿勋爵（Lord Burlington）和威廉·肯特（William Kent）设计的奇西克别墅（Chiswick House），清晰地展示出这些设计灵感的来源。

詹姆斯·吉布斯（James Gibbs）和科林·坎贝尔在诺福克设计了霍顿府邸（Houghton Hall）（图 66），对这一主题进行了变化，其壮观的室内设计由威廉·肯特担纲。这是对于霍尔克姆府邸原则的变式，其主要的不同之处在于四个穹顶强调了主体住宅的角部。霍顿府邸是罗伯特·沃波尔（Robert Walpole）爵士的财富和权力的显白炫耀，他是当时的首相，将这个国家从英格兰第一次股票交易崩盘——南海泡沫（South Sea Bubble）事件——导致的经济破产中拯救出来。

宫殿概念的终极扩展就是广受欢迎的由宫殿、门廊和穹顶组成的"市政厅"公式（图 67）。这种由三种要素组成的构图能够被分解为两个信息组块，从而可以从比例方面展开分析吗？问题是，分界线在哪里？如果划分是基于各要素的象征性关联，那么斐波纳契数列的改头换面就显而易见了。门廊和穹顶的组合就是构图的象征性核心。这些特征结合在一起宣告了这座建筑的社会地位，呈现出信息分量的高度集中。就像塔楼一样，穹顶有着强烈的宗教关联，尤其是通过拜占庭风格的影响，当周边环境是纯世俗的时候，这种影响也从未完全消除。作为天国的穹顶和众神的领地的表征，它有着原型的力量，经由拜占庭教会对这一形式的改造，以便在穹顶的最高点容纳万能的缔造者——基督。穹顶和门廊这两者使人想起神庙建筑，它们组成了一个逻辑单元，与宫殿部分形成对照。当这一强大的建筑联盟凭借临界的那一点点分量胜过宫殿时，我们的期待得到了回报（图 68）。

在英国，这种风格最早期的例子之一是由巴斯的约翰·伍德（John Wood）父子于 1754 年设计的利物浦市政厅（图 69），尽管现在的穹

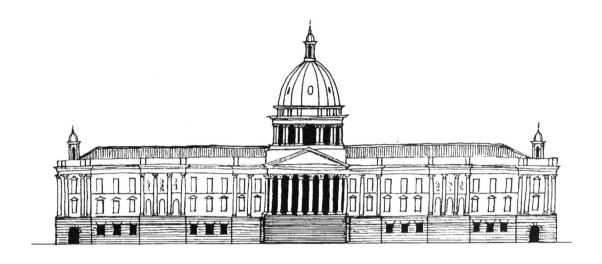

顶是在 19 世纪早期加上去的。市政厅内由詹姆斯·怀亚特（James Wyatt）设计的接待室被爱德华八世描述为"英格兰最精美的一套房间"。单独来看的话，或许会认为对于宫殿／门廊要素来说，穹顶的分量太重了。如果作为城堡街景观的围合要素来看的话，就呈现出城市环境的重要意义来，这种意义超越了单独的比例关系。很有可能在市政厅建造的时候，城堡街比现在的要更窄一些，建筑群体在尺度上也更小一些，它们围绕着市政厅建筑，形成其景框，但是从属于市政厅。这一观点也证明了 20 世纪对于 18 世纪的建筑遗产不具有敏感性。总的来说，教训在于，在城市环境中，文脉在创建良好比例方面是至关重要的。

　　克里斯托弗·雷恩（Christopher Wren）爵士早就认识到这一事实，

图 67

市政厅，典型构图

图 68

"市政厅"构图中的信息划分

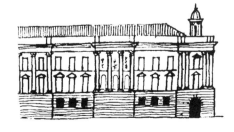

图 69
利物浦市政厅

在他最后一个设计中，即圣保罗大教堂，他创造了两层穹顶。内层穹顶的设计是为了与教堂内部尺度形成和谐的比例。更高的外层穹顶与城市尺度相关，即便在今天，在一片玻璃幕墙的商业区，教堂也是脱颖而出的。雷恩深刻地理解了尺度和比例是依赖于环境的（图 75）。

带着这类特征的建筑从尺度上看，范围从夏洛茨维尔的蒙蒂塞洛的托马斯·杰斐逊（Thomas Jefferson）住宅，到华盛顿特区的国会大厦。国会大厦的设计始于 1790 年，最初顶部的穹顶高度较低，取材自罗马万神庙的风格。现在的穹顶和两翼是在 1851 年和 1867 年之间加建的。

这类建筑的三个要素之间的相对大小有可能是至关重要的。伦敦最令人景仰的建筑之一是国家美术馆（National Gallery）（图 70），或许这是因为它曾经是众多群众性欢悦情绪公开表达的背景，例如 1945 年的第二次世界大战胜利庆典。如果我们把这种象征性的面纱放在一边，对建筑进行客观分析的话，显然在比例方面是有问题的。这座建筑形成了特拉法加尔广场的一条完整的边界，其总体比例与广场不匹配。这一空间诉求的是一座外观宏大得多的建筑，从而成为这座城市，乃至这个国家超级形象的缩影。就这一座国家美术馆来说，与卢浮宫或西班牙的普拉杜美术馆比照是相形见绌的。

我们来更为仔细地考虑其设计，主要问题在于门廊上方的建筑要素。这是一个患有神经性厌食症的穹顶吗，还是患有夸大妄想的炮塔呢？不管我们的终极论断是什么，这对于门廊来说是个不能胜任的伴侣，对于整个构图来说，是一个缺乏说服力的添加物。修改过的穹顶会使其外观呈现出美术馆的功能和社会地位的需求（图71）。

图70
伦敦的国家美术馆

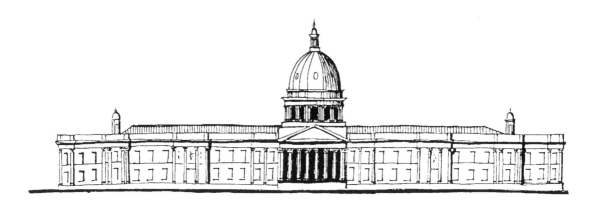

或许伦敦大学学院（图72）也可以从补救性的处理中获益。无论如何，我们都希望威廉·威尔金斯的幽灵不要提出反对意见。

放大尺寸会有所获益的另一个例子是位于都柏林的海关大楼（Customs House）（图73）的穹顶。它的尺度不够大，与主体建筑不匹配。另外，高等法院（Courts of Justice）的穹顶走到了另一个极端（图74）。

克里斯托弗·雷恩爵士在设计伦敦的圣保罗大教堂时，在一些非常吃不准的早期尝试后，最终的设计方案成为一个杰作。穹顶的鼓形基座分为三层：底层是未经装饰的石材砌筑而成的实体；第二层由檐部和栏杆围绕着的柱廊组成。第三层平台从鼓形基座主体向后退进，确保半球形的穹顶与整体构图的比例关系恰当（图75）。常规的解决方案是从柱廊处直接升起穹顶，在这种情况下，会使构图头重脚轻，同时也显得平淡无奇。

图71
伦敦的国家美术馆，带有成熟的穹顶

图 72
伦敦大学学院（a）和替代方案
（b）

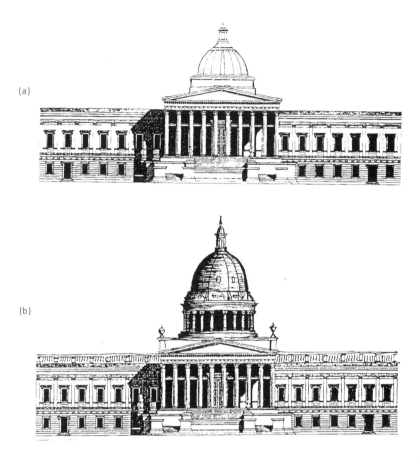

(a)

(b)

图 73
都柏林的海关大楼

图 74
高等法院

图 75
伦敦的圣保罗大教堂，以及常规的穹顶构图

作为本章的补充说明，我们来思索一下信息的二重多样性是如何转移到绘画中的，不啻是一件趣事。我们以莫奈的《阿让特伊大桥》（Bridge at Argenteuil）为例。画面中有两个主要的关注点，即位于前景的船以及大桥。船只聚集的区域其信息"质量"比桥的部分更大，因而是首要主体。尽管这幅画的题目是桥，但是桥是次要的主体。因此，在信息的两个突显的模式之中，船起着主导作用，但是或许仅仅在斐波纳契数列的边界之内——主导的程度仅仅是宣称其首要性。有趣的是，河岸的位置几乎就是垂直轴上的 ϕ 点，而桥楼室则位于水平轴的 ϕ 点。

参考文献

1 *Proceedings of the Royal Society*（August 1998）．

2 Semir Zeki，*Inner Vision*（Oxford：Oxford University Press，1999），pp.16，84.

第12章

超越门廊和穹顶

到目前为止，我们讨论的重点大部分都是关于古典建筑的。那么，哥特式教堂建筑又如何呢？我们能够把这些同样的原则用于，比方说，林肯大教堂吗（图76）？

即便是对于这样的大体量建筑，我们的心灵仍然自动寻求简化这一情景的方法，即找出最有逻辑性的信息的划分。在这个例子中，就是起主导作用的垂直要素，即塔楼，在与教堂中殿和十字形耳堂组成的水平体量之间。相比之下，塔楼在视觉方面弱一些，但是，这就是象征意义在美学情节中再次得到认可之处。

塔楼，或者叫做钟楼，长期以来始终与教堂有着千丝万缕的联系，至少从6世纪以来由东罗马帝国的皇帝君士坦丁在意大利拉韦纳建造的巴西利卡开始。它们所蕴含的象征意义可以回溯得更早，直到人类最早关于生命最根本事物的焦虑开始之时，这些最根本的焦虑在于：出生、

图76
林肯大教堂

生存、繁衍和死亡。塔楼是最早的原型象征之一，因为它们有着双重的功用，确保人类向上可以接近众神，同时也能与仁慈的神祇的能量进行"接地"（earthing），以保护他们免于被不那么好脾气的神灵那些变幻莫测的行动所伤害。当然，我们现在已经不相信这些了，至少从理性的层面不再相信。然而，我们具有情感功能的大脑却相当不受理性的影响，拒绝进化。

爱德华·威尔逊从普遍的意义上将这种观点运用到艺术上：

> 艺术并不仅仅是由那些离经叛道的天才根据历史环境和独特的个人经历所创造的。他们灵感的根源可以追溯到更久远的历史，一直可以达到人类大脑的基因起源，并且是永恒的。[1]

所有这一切产生的效果是塔楼，尤其是与宗教建筑相关联时，承载着强大的象征性能量，大大加强了其信息分量。结果是，林肯大教堂的三座塔楼聚集起来的分量超越了巴西利卡，成为主宰性要素，但是，仍然是在和谐的极限之内（图77）。

到目前为止，我们对于比例的研究一直关注于信息的二重多样性，因为它关涉一个构图的主要组成部分。然而，还有很多情况下，最初的审美印象来自于建筑的总体体量组合：其高度与宽度的比。在普莱尔帕克的例子中（图58），不仅宫殿与门廊部分的比例具有审美愉悦性，而且建筑的总体体量组合也可以认为具有"良好的比例关系"。这还不包括下述事实，即我们在这里并不是在讨论类似黄金分割比率的东西。门廊受到古典的比例法则的制约。正是这一点调节了宫殿要素的尺寸，使之适合于斐波纳契比例的标准。

当建筑物呈现相对简单的立方体构图时，高度和宽度之比就变得至关重要，正如都柏林的爱尔兰银行的例子（图35）。除了其与周边建筑的关系之外，比例方面也没有通过最基本的检验，即解决互为竞

图77
林肯大教堂：塔楼与巴西利卡的对比

图 78
位于伦敦蓓尔美尔周边环境中
的牛津大学和剑桥大学联合俱
乐部

争的能量场域之间的较量，在这个例子中是垂直轴和水平轴之间的抗
衡。两个轴线之间的关系始终是未决的，因为哪一方都没有形成明确
的主导地位。

一座建筑不必为了彰显其整体比例而成为孤立的构图。例如，由
罗伯特·斯默克（Robert Smirke）爵士设计的位于伦敦蓓尔美尔的牛津
大学和剑桥大学联合俱乐部（United Oxford and Cambridge University
Club）（图 78）与街对面建筑的模式比例相协调，显示出对其最基本的
忠诚。但是，它也单独地表达了其内在比例的品质，在分离和归属、部
分和整体之间展开了对话。

建筑的变形

当我们从关于比例的严格的现象学中跨出一步，二元意义的另一个
领域与那些进行了彻底改建以容纳新用途的建筑有关。在这种情况下，
有一些审美能量是由两个世代之间的对比而产生的。

图 79
巴黎的奥赛博物馆

图 80
昂热的雕塑美术馆

20 世纪 80 年代的特征之一就是倾向于将现有建筑进行改造，以满足新的需求的转型，这一情形在 20 世纪 90 年代得到更快的发展。城市中，在迄今为止一直废弃的工业区，仓库变成了奢华的公寓。伦敦的圣凯瑟琳码头（St Katherine Dock）开创了这一流行趋势，紧随其后的是利物浦的阿尔伯特码头改造项目。

然而，一些最具想象力的变形是将过时的建筑转变成文化中心；最佳案例之一是巴黎的奥赛博物馆（Musée d´Orsay）（图 79），在那里有最精美的印象派画作的馆藏珍品。从火车站转变成美术馆，在新老用途之间的对比之中产生了审美满意的特殊形式。这就是为什么还应当在建筑内设有原始用途的提示物，这样人们就能够记住建筑的发展和演变过程。

这种策略的另一个优秀案例是，位于法国昂热的一座被毁坏的中世纪修道院，经过改造后转变为一座美术馆，馆内容纳了历史中重要人物的雕像，主要是法国历史（图 80）。新建的屋顶是玻璃的，使哥特式结构的乳白色石材沐浴在自然光线中。屋顶结构那错综复杂的网状结构投下了斑驳的阴影，更增添了一层的复杂性。

这种倾向于视觉艺术的上升势头已经成为一座伦敦工业地标建筑

图 81
伦敦的泰特当代美术馆

的解决办法，这就是先前的泰晤士河岸发电站，这是最后一座向贾尔斯·吉尔伯特·斯科特（Giles Gilbert Scott）爵士致敬的纪念碑。由赫尔佐格和德梅隆建筑师事务所担纲设计，将发电站改造成泰特当代美术馆（Tate Modern），成为建筑复兴的一个壮观的例子。先前的涡轮机大厅有着中世纪教堂的比例。美术馆的展厅、餐厅和办公室在大厅的一侧形成了七个楼层。休息区提供了看向大厅的视线，增添了艺术品展厅的吸引力（图 81）。

在第七层有着跨越泰晤士河的绝佳视野，由福斯特及合伙人事务所设计的优雅的人行桥将视线导向圣保罗大教堂。在美术馆开幕的最初几周，参观者人满为患。

仍然是与艺术相关，另一个几乎最成功的闲置建筑改造案例是位于曼彻斯特的皇家交易所（Royal Exchange）。一座容纳所有设备的剧院在宽敞的交易大厅内部建造起来。轻型钢管制成的拱架支撑着观众厅，透明的墙体补偿了股票交易所的古典实体性；这就是高水平的二重多样性（图 82）。

所有建筑改造中最为壮观的项目之一的荣誉应当归属于诺曼·福斯特，因其公司为柏林的帝国议会大厦（Reichstag Parliament）建筑所做

图 82
曼彻斯特的皇家交易所剧院

的修复工作。严格地说，这不是容纳用途上的改变，而是其所包含的政治精神的转型，这比功能的改变更为戏剧性。如果曾经有一座建筑沉浸在模棱两可的象征性中，那么就是这座建筑。福斯特充分利用了保留中央穹顶的需求，给予建筑一个全新的同一性，创造了一个开放的政府的视觉证明。实际上，他创造了两层玻璃穹顶。较低的穹顶允许视线看到议会的会议厅，但是隔绝了声音。较高的穹顶是一个公共空间和观景平台。在这里最壮观的特色是一个倒置的圆锥，外面包裹着 360 片镜面，将自然光反射到较低的会议厅中。能够追踪太阳运行轨迹的遮阳装置确保了直射光线不会进入这一空间（图 83 和图 135）。

　　这些特征并不仅仅是为了增添视觉吸引力。圆锥体内容纳了抽气和热交换设备，其电力和电动遮阳装置的电能都来自光伏电池。这只是这座采用自然通风的建筑如何回应人们不断增加的对环境的关注的一个例子。

图 83
帝国议会大厦会议厅

　　从建筑的象征性角度来看，通过改建旧的帝国议会大厦，经过转型的建筑着重强调了向前看，但也没有完全忽略过去。福斯特建筑师事务所完成了将过去的黑暗转变为光明和透明性这一几乎不可能的任务。

　　伟大的历史建筑与最新技术之间的新的合作关系在 2002 年随着泰晤士河上的千禧桥的竣工而呈现出来，这座桥连接了圣保罗大教堂和泰特当代美术馆：跨越 17 世纪和 21 世纪的创新设计（图 75）。

参考文献

1 Edward O.Wilson，*Consilience*（London：Little Brown and Co.，1998），p.242.

第 13 章

当代的变式

比例的概念尤其与古典建筑联系在一起。然而，人们已经指出，现代建筑也可以基于均衡的组块要素进行分析。耶鲁大学艺术与建筑系馆（图 57）可以用来阐明，同样的评估程式如何有可能从帕提农神庙转移到当代建筑中。

现在，直线和曲线形式之间的对比成为受当代建筑师欢迎的*主题*（*leitmotiv*）。建筑师从早期风格追随者所倡导的直线形的束缚中解放出来，正在探索这种自由度所带来的设计机遇。立方体和曲线形式之间的互动成为越来越受欢迎的、展示比例的舞台，这也得到技术和计算机辅助设计的发展的促进。

除了显见的形式对比，还有加强这些对立面的联想要素。硬朗的、呈角度的形式有着男性的联想，而柔软的、曲线的形状被认为是女性化的。如果建筑包含这两种形式，就为这种联盟的美学意义增添了象征的成分。

圆形和矩形之间结成最坚实的联盟的一个例子，是位于索尔福德码头的劳里艺术文化演艺中心（Lowry Centre）（图 84）。这是一座多功能综合体，将剧场功能与容纳劳里绘画作品的国家收藏馆功能结合起来。位于水边的场地强化了综合体的影响，尤其是闪闪发亮的不锈钢面层材料在水中的倒影。尽管该建筑呈现出复杂性，但是，绝没有缩减曲线和直线之间的生动对比。它展现出着重点如何随着视点不同而转变。从南边看过去，曲线形式是主导，因此从比例的角度来说，圆形和曲线要素的集合实现了主导，也可以有争议地说，这是在斐波纳契数列的极限之内。然而，如果从东边看过去，线性的强调才是主导，这意味着，从比例的角度来说，有些最有趣的建筑展现出双面神（Janus）的特性。

曲线形式分布在整个构图中的另一座建筑是苏格兰国家博物馆（图 24）。它有一个坚实的环形鼓状物，其作用是作为视觉枢纽，将围绕这个转角的建筑组织起来。这一曲线形式得到容纳着屋顶花园的凹形构件的补充。

通常人们不会期待在这类著名建筑的目录中引用火车站这样的建

筑。新的地铁银禧线（Jubilee Line）证明了这种日常功能如何能够产生一些最令人感到愉悦的建筑，就像艾尔索普和斯托默设计的北格林尼治站以及诺曼·福斯特设计的金丝雀码头车站。位于淡水湖（Canada Water）的交通中转站也将这种艺术风格提升到了新的高度。提到这座建筑是相关的，因为其首要的印象是大体量的玻璃鼓状物和强劲的直线形式之间的和谐。从鼓形部分射入的阳光穿透下来，洒在月台上。平面形状与劳里艺术文化演艺中心相似，而最终的成果反映出其建筑师伊娃·耶日娜（Eva Jericna）得到的非凡赞誉。

直线和曲线建设性结合的其他成功案例，包括位于圣艾夫斯的泰特

图 84
大曼彻斯特区的索尔福德码头的劳里艺术文化演艺中心

美术馆（图33）以及位于特鲁罗的刑事法庭（图32）。

关于这种对比的特殊形式，其极点应当归于爱德华·卡利南（Edward Cullinan）建筑师事务所。他们设计的东伦敦大学新校区在直线和圆形之间形成了大胆的对抗（图85）。学生宿舍由阿尔伯特船坞滨水区的五个成对布局的鼓状物组成。这是形状和色彩的引人注目的组合，将彻底改变学生和教职员工的生活，之前他们被迫居住的建筑都会挑战最具奉献精神的学者的职业适应性。

建筑创作表现出设计元素之间的"辩证关系"，其背后的驱动力目前正在释放出丰富的表现模式。

在乔治王朝和帕拉第奥时期的建筑中，墙体和窗户之间的关系是经过仔细推敲的，因为这是建筑比例的整体品质的关键要素。这是对一个设计的最终美学成果来说发挥作用的几个"次级"互动之一。当代建筑正在揭示出墙体和窗户之间互动的许多变式。

图85
东伦敦大学新校区

20 世纪 80 年代的一个潮流就是使得这些基本的立面元素之间的边界形成台阶状。其中一个案例是维也纳的哈斯屋，由汉斯·霍莱因（Hans Hollein）设计（图 86）。没有再比这块场地更为敏感的了，它直接面对着圣斯蒂芬大教堂。曲线形的平面使得从格拉本大街到斯蒂芬广场的转换成为平滑的过渡。呈台阶状逐级向下的石砌墙体呼应了从街道向广场的转变，玻璃面积最大的区域朝向教堂。这是一个在多种层面上运营的建筑。在一周的工作日内这是零售商店，但是，到了周末，当格拉本大街和斯蒂芬广场成为维也纳市民娱乐漫步的集中点时，哈斯屋就变成了观赏大教堂的公共走廊。尽管零售区关门了，公众被邀请利用全玻璃幕墙区来体验建筑内外的欢愉。这座公共建筑的设计既充分实现了零售功能，也充当了娱乐的功能。

　　为了对这座建筑作出审美评估，人们必须考虑这座建筑实施的多层次功能。最初它导致了大量的争议，因为建筑采用了色彩艳丽的屋顶，加上霍莱因建筑作品一贯呈现出机器一样的精准和后现代风格，这些与大教堂所呈现的复杂性之间形成蓄意的对抗。它粗暴地打断了格拉本大

图 86
维也纳的哈斯屋

街华丽精美的建筑所呈现的连续性，加快了斯蒂芬广场的建筑节奏。直截了当地说，它代表了不透明和透明之间的二元对抗，但是，这才是小巫见大巫，正如我们随后就会看到的。

这一建筑母题的法国版本就是巴士底歌剧院，其阶梯状的外墙反映出室内的楼梯（图87）。

劳里艺术文化演艺中心仅仅是接二连三出现的文化建筑的一个最近期的例子，正是在这一领域，出现了一些最优雅和最激动人心的建筑创作。理查德·迈耶设计的巴塞罗那美术馆就是一个最好的例子（图88）。它形成一个由当代建筑围合成的广场的一条边界，使之成为一个完整的广场，并且是展现建筑师如何探索强烈反差的墙体系统之间取得对比的美学潜力，而不是采取静态比例系统的一个完美案例。在美术馆建筑中，基本的互动在实体和透明之间展开。在第二个层面，直线和曲线之间也存在着对抗。立面游戏的背景幕布是一道平整的幕墙，通过墙面砖的网状图案以及没有采用直角的转角停止这一事实强调了其装饰作用。这是20世纪手法主义的一种温和的形式。在立面的左边，一道穿孔飞墙标示出主入口。它既隐蔽又展示，使人们得以窥看建筑内部。一个全玻璃的立面略微突出于幕墙，这的确允许视线穿透进入建筑室内。最后一笔华彩之处是好像独立出来的、垂直的、表面呈波浪形的鼓状结构，同时也形成整体设计构图的重要元素。这正是罗伯特·文丘里（Robert Venturi）所说的"建筑的复杂性与矛盾性"的一个突出的体现。

就其广泛的美学效果而言，它形成了与广场两个侧边厚重的、沉静的、浅黄色砖石建筑之间充满活力并饶有趣味的对比，而这些建筑则成为美术馆的陪衬。作为点睛之笔，透明墙体容纳了许多色彩丰富的面板，

图87
巴黎的巴士底歌剧院

图 88
巴塞罗那美术馆

其中有些印有各式资讯。

　　最近几年出现的最优雅的美术馆之一是位于法国尼姆的方形现代美术馆（图 89）。它面对着保存最完好的古罗马神庙——方形神殿（Maison Carrée）的侧面。它成为福斯特及合伙人建筑师事务所高技派玻璃幕墙哲学的绝不妥协的宣言。此处所呈现的充满生机的对话在超级现代与古代之间展开，这两座文化建筑时隔近两千年。美术馆南立面上悬挑出来的遮阳板被五根纤细的柱子所支撑，与神庙的门廊形成了同韵。此处所呈现的二重多样性是跨越时空的。

　　美术馆内部有着绝妙的柔和的自然光。即使楼梯也采用玻璃踏面和敞开式的竖板，最大限度减少头顶的玻璃的视线阻隔。在顶层是露台餐厅，提供了观赏神庙的壮观的视线，以及违法停车被拖走的偶尔的小娱乐。建筑的比例与广场和周围建筑的现状完美地结合起来，从而产生了跨越千年的宏大的公共建筑。

　　另一个对立面之间产生对抗的例子可以从哥特式的、充满梦幻色彩的圣潘克勒斯火车站（St Pancras Station）与圣约翰·威尔逊科林爵士（Colin St John Wilson）设计的大英图书馆（图 90）绝不妥协的形式之间极具张力的对立中体验到。令人吃惊的是，这样一座优雅的建筑却产生于如此充满痛苦、难以对付的孕育过程。建筑师值得被授予圣徒的称号。整体风貌与巴赫作曲的赞美诗有着异曲同工之妙，而图书馆干净利落的、有着阿尔瓦·阿尔托风格的形式与乔治·吉尔伯特·斯科特（George Gilbert Scott）爵士精雕细琢的、带有游乐色彩的综合体之间形成了从容不迫的对比：动态的二重多样性发挥到其极致。

　　尽管在 20 世纪 60 和 70 年代，文化氛围偏向于"大拆大建式"再开发，但是在 20 世纪的最后十年，已经出现了显著的转向，即倾向

图 89
法国尼姆的方形现代美术馆和
方形神殿

于确保新开发项目不会破坏具有建筑品质的旧建筑的面貌。三幢近期
的建筑例证了大型建筑如何采取合适的形式，以更为谦逊的尺度来尊
重历史建筑。

　　第一个例子是泰晤士河沿岸巴特西（Battersea）的蒙德维特罗
（Montevetro）住宅综合楼，场地原来是废弃的霍维斯（Hovis）面粉磨坊。
这是一个高密度开发项目，共有 103 套公寓，组织在五幢互相连接的大
楼里，由理查德·罗杰斯合伙人事务所与赫尔利·罗伯逊及合伙人事务

图 90
伦敦的位于圣潘克勒斯火车站
边的大英图书馆

图 91
伦敦的巴特西的蒙德维特罗住宅

所（Hurley Robertson and Associates）联合设计（图 91）。它成功地展现出对列入英国第 1 级文物保护建筑名录的、建于 18 世纪的圣玛丽教堂所应有的尊重，即从北部的 20 层高大楼逐级降低到靠近教堂的四层高。其结果是教堂比先前这块地用作工业用途时更具有主导性。在这里，两幢建筑时隔 200 年，但是都同样体现了形式的经济性和功能的适用性这一根本原则；每一幢建筑都展现了各个部分经过组织，从而成为优雅的整体。

两幢建成于 2002 年中期的曼彻斯特建筑投射了同样的意象。一幢是位于丁斯盖特（Deansgate）的 1 号公寓楼，另一幢是伊恩·辛普森（Ian Simpson）设计的 Urbis 现代城市生活博物馆（Urbis Museum of Urban Life），两者都位于大教堂的影响范围之内（图 92）。就像蒙德维特罗住宅楼一样，它们在尺度方面都呈下降趋势，以免破坏所处的"神圣空间"。Urbis 中心安装了欧洲第一个室内缆车索道，这面临着使博物馆的展出内容在受欢迎程度方面黯然失色的威胁。

一座单体建筑如何能彻底改变整片邻里这一问题，在更早的时候由巴黎的蓬皮杜中心得以证明。伦佐·皮亚诺（Renzo Piano）和理查德·罗杰斯在美术馆既作为娱乐建筑、也作为文化体验方面开创了先河（图 1）。其灵活的室内格局使之能够适应多种形式的展览和社会活动。皮亚诺和罗杰斯重新定义了"美术馆"的概念，为这类风格进一步打破规则的案例的出现铺平了道路，例如弗兰克·盖里在西班牙毕尔巴鄂为古根海姆基金会所做的创新设计（图 93）。自从该组织委托弗兰克·劳埃德·赖特（Frank Lloyd Wright）设计位于纽约的美术馆之后，一直都在资助前沿的美术馆设计，赖特的美术馆采取了不断扩展的螺旋形式。

(b)

(a)

图 92
(a) 位于曼彻斯特的丁斯盖的 1 号公寓楼；(b) 曼彻斯特的 Urbis 城市生活博物馆，于 2002 年 7 月开放

弗兰克·盖里设计的这座不守常规的建筑提出了两个问题。首先，它是如何适合于在此逐渐发展出来的建筑美学的？其次，为什么他作为地位显赫的顶级建筑的设计师如此炙手可热？

再次提及混沌理论，我们能不能认为盖里将随意性推展到了可以说存在着潜在规则性的边界之外呢？他采取的形式似乎完全以抽象雕

图 93
毕尔巴鄂的古根海姆博物馆

塑的手法，呈现出任意而为的形式。功能似乎被形式所破坏，与现代主义运动的准则背道而驰。实际上，有人视他的设计作品为蔑视建筑学科的根本。

在之前的论述中，我认为这种反传统的建筑在作为创造可能性的新视界方面占有一席之地。盖里以其设计的诸如位于洛杉矶的沃特·迪斯尼音乐厅（图 95）、维特拉设计博物馆（Vitra Design Museum）和巴黎的美国馆（American Centre）等作品，当然在革新者的行列中争得一席之地。这些作品都是文化类建筑，这一点并不是巧合，因此，其本身更易于被认为是艺术品。

所以，对于第一个问题，即关于它如何适合于本书的主要观点，答案在于可能我们要将这类建筑视作大尺度的城市雕塑来进行评估。第二个关于他广受欢迎的问题，其答案在于这样的创造性作品吸引了全世界的注意。一座西班牙毫不起眼的工业小镇现在位列文化地图之上，这是由于盖里强有力地撼动了其基础。从本质上来说，这就是一个独立的、三维的建筑雕塑，作为广场的一条边界，永远都不会让人感到舒适，与迈耶设计的巴塞罗那美术馆正好相反。

一旦将我们的参照系从〞建筑学〞转向〞雕塑〞，那么毕尔巴鄂博物馆的构图就可以被理解为一篇在流畅的、具曲线美的、彼此冲突的形式构成方面极好的文章，充分利用了位于河边的地理位置。这几乎类似于一个中世纪小镇，在穿越整个小镇时，充满了令人惊讶的形式与光线的组合。从室内方面来说，这样的类比甚至更为恰当。这与混沌理论是一致的，但是方式不同。

然而，即便是这样具有高度雕塑感的构图最终也可以被概括地表达为一种二元的构图。交错折叠的形状的生动汇聚强调了垂直方向，与形成某种建筑基座的优雅的、流畅的要素形成对比。正如帕提农神庙或普莱尔帕克一样，它可以简化成两种模式的形状：复杂的和垂直导向的，对比简洁的和流动的水平形式。复杂的、呈向上喷发之势的垂直形式赢得了竞争，但是，从信息的角度来说，仍然在斐波纳契数列的模糊边界之内（图 94）。我认为，这一作品之所以令人愉悦，是因为它背离了建筑学的准则，从而令人兴奋，而且立面闪闪发亮的钛金属涂层对于大脑边缘区域的敏感性具有吸引力。与此同时，在更深的层面，它遵从比例的基本原则。

古根海姆博物馆的遗传密码在盖里设计的加州沃特·迪斯尼音乐厅中清晰地展现出来（图 95）。这座建筑比毕尔巴鄂的博物馆更有甚之，似乎已经被视作可以居住的抽象雕塑，其中功能与形式相比，处于次要的地位。

还有一座将要建成的是位于伦敦的维多利亚与阿尔伯特博物馆（Victoria and Albert Museum）的扩建工程。地方规划当局越过了规划官

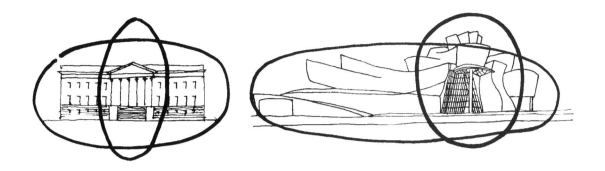

图 94
毕尔巴鄂博物馆的对比，与普莱尔帕克相对照

员的权限，将规划许可颁给丹尼尔·李伯斯金（Daniel Libeskind）设计的互相对抗的立方体，以填充"锅炉房"这块场地。预计该项目于 2004 年竣工，这要根据资金的到位情况而定。结果将会是一组爆炸式雕塑，穿插在新哥特式的博物馆立面之间，并且将伦敦牢牢地钉在了展现建筑震撼力的场所的地图上。毫无疑问，这也将带来争议。但是，对于那些能够打破建筑成见的人来说，这将会产生相当强烈的美学动力；一种闪闪发光的晶体形状，承载着隐喻的推论，但是留给博物馆工作人员一些难以处理的室内形状（图 4）。

由于现有美术馆和博物馆的空间压力日益加剧，因此，产生了新的建筑对比的机遇。在伦敦，首先扩建的是泰特美术馆，专门展出透纳˙绘画作品的侧翼由斯特林和维尔福德建筑师事务所（Stirling and Wilford）担纲设计，此外，还有国家美术馆的扩建，设计由文丘里夫妇的设计团队承接。这些都是独立的扩建项目，而有些近期的项目以巧妙的方式穿插到现有的肌理中。一个最著名的例子是皇家学会（Royal Academy）的萨克勒美术馆（Seckler Gallery）。其简洁的、光线柔和的空间创造出与这一建于 18 世纪的主体建筑所呈现的古典华丽的生动对比，证明了诺曼·福斯特既擅长于宏大的规模，也有能力处理亲切的尺度。

同样的赞美也适用于杰里米·狄克逊（Jeremy Dixon），他轻而易

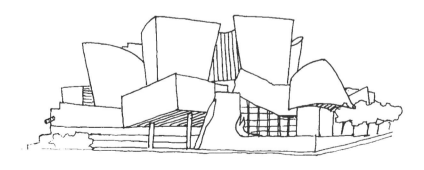

图 95
沃特·迪斯尼音乐厅

＊　透纳（J.M.W.Turner），1775—1851 年，英国著名画家。——译者注

举地从位于科文特加登（Covent Garden）的皇家歌剧院（Royal Opera House）的尺度，过渡到将某种绝妙的新美术馆空间硬塞进国家肖像美术馆中。尤其难忘的是屋顶餐厅，提供了观赏伦敦的视野，而这先前是维修工人的专属之地。

至于皇家歌剧院，所面临的挑战是扩建一座国家级纪念碑式的建筑，并使之适应现代化的需要，而不会损害其历史完整性（图96）。与此同时，还要满足创造商业功能空间的需要，以便为歌剧院提供收入。最后一项考验是确保外部空间能够与伊尼戈·琼斯（Inigo Jones）设计的科文特加登集市的保留部分融合在一起。建筑师杰里米·狄克逊和爱德华·琼斯（Edward Jones）完美地应对了这一挑战，令人敬佩，尽管他们受制于设计纲要和资金的不断变化。

这些案例证明了当代的干预如何能够在新老之间产生新的、具有活力的互动，在这一过程中，提升两者的审美境界。

图 96
皇家歌剧院

具有创造性的模糊性

在20世纪90年代流行起来的一种建筑的"艺术构思"（conceit）涉及在室内和室外之间创造一种模棱性：建筑中的建筑。

在阿鲁普合伙人事务所（Arup Associates）设计的斯托克莱花

图 97
位于斯托克莱花园的广场3号建筑

园（Stockley Park）的广场 3 号项目背后所遵循的是环境优先考虑事项（图 97）。建筑师没有采用常规的室内中庭，而是将中庭设在十字形平面的外部。其效果是在不透明和透明的建筑之间形成了生动的对比。它们之间的关系随着光线条件和太阳的位置而不断发生变化。夜晚时分，灯火通明的内部建筑成为主导元素，改变了建筑的整体"个性"。

由环境考虑事项驱动的极致之作，是位于德国黑尔讷 - 索丁根的塞尼斯山在职培训中心（Mont Cenis In-service Training Centre）（图 98）。它展示了建筑语汇如何回应生物气候学的需要而不断改变。一个庞大的玻璃罩篷（canopy）容纳了许多不同功能的建筑。据称，这座建筑物可以产生堪比地中海的室内气候。最后精彩的一笔是安装了 1 万平方米的光伏（PV）电池，能够产生 1 兆瓦的电力——足以为整个建筑综合体供电。在第 17 章将有更多关于生物气候学建筑的介绍。

在 2001 年，伦敦的大英博物馆经历了戏剧性的改造。曾经被用作储藏空间的内部庭院成为一处优雅的广场，这得益于福斯特及合伙人建筑师事务所设计的玻璃屋顶，项目的工程师事务所是阿鲁普联合事务所（图 99）。这是一个"高技派"设计的杰作，其玻璃结构以反向螺旋形从位于中央的椭圆形大阅览室向外辐射，模仿着向日葵。每一片玻璃板都是唯一的形状。在这里，三个时代的建筑形成了神奇的联盟：罗伯特·斯默克爵士设计的、希腊复兴式的博物馆立面，新哥特式的、改造过的大阅览室，以及 21 世纪的、钢和玻璃的复杂结构。在这次干预之前，博

图 98
塞尼斯山在职培训中心

图 99
伦敦大英博物馆的大庭院

物馆和大阅览室一直是没有连接的实体；现在它们在一个壮观的玻璃罩篷之下结合起来。内外之间的互动由博物馆的外立面得以加强，现在这些立面转变成大庭院的内部边界，所有这一切综合起来就是建筑和愉悦的动力学的雄辩表达。

　　最后一点，这种设计理念的变式可以在许多包含半自给自足的建筑形式的公共建筑中看到。在理查德·罗杰斯设计的位于法国波尔多的法庭案例中，这就是一个个独立的法庭空间（图 105）；在位于英国卡的夫的威尔士国民议会建筑中，这就是议会大厅（图 100）。

图 100
威尔士国民议会大厦方案

这种对比主题的另一种诠释可以从艾尔索普建筑师事务所设计的位于佩卡姆的图书馆和媒体中心看到（图3）。支撑在斜叉的支柱上的三个封闭箱子主导着主要的借阅层，形成了建筑之内的建筑。其中两个箱子向上穿越了屋顶轮廓线。它们分别容纳着儿童活动区、非洲加勒比文献中心和会议室。如果这座建筑设定了伦敦东南部复兴的标准，那么，我们必定要领略一些绝妙的惊喜了。

第14章

建筑隐喻

在文科范畴内，术语常常跨越学科边界，正如隐喻的概念从文学领域转移到建筑学领域，就是一种学科的跨越。隐喻的严格定义是，它描述了完全不同的概念之间的联系，而避开使用"像"或"如"这样的词。在两者之间并不存在一一对应，关联存在于暗指的层面，而不是明喻——"我看见暴龙（dragonish）云……"

隐喻架设了一座桥梁，跨越了未经开发的领域，把两个看起来不太可能的实体连接起来。审美的"火花"就是通过联想的新颖性或尖锐性而产生的；跨越概念空间的放电。情感奖励（emotional reward）来自于认识到关联的新模式。隐喻的现象通过与建筑的形式美品质进行比较进行运作，成为二元美学主题的变式，将诗意的元素引入了建筑学。

维多利亚与阿尔伯特博物馆的锅炉房场地扩建项目将建筑、雕塑和隐喻联系起来。它所暗指的实在远离了常规建筑。它以螺旋形式暗示上升的趋势，同时也以其结晶体的形状使人联想到大自然（图4）。

在设菲尔德，由科茨和布兰森建筑师事务所（Coates and Branson）设计的前国家流行音乐中心（National Centre for Popular Music）（图101）由四个圆柱形封闭舱组成，匆匆一瞥时，它们不仅仅像鼓，甚至还像杵锤。其暗示是很微妙的，因此当然适合归属于隐喻。这是一座在室内气候方面也解决了生态议题的建筑。遗憾的是，它未能满足作为音乐中心的预想，目前其未来不甚明了。

奥斯卡·尼迈耶（Oscar Niemeyer）设计的位于巴西利亚的主教堂所展现的优雅曲线（图102），据说代表了荆棘冠。它们也可以意味着巨大的花朵，随着升起的太阳正在开放的花瓣——或许是对于异教根源的隐喻暗示。

处于隐喻和明喻边界的是沙里宁设计的优雅的纽约机场航站楼，从写实的角度，它就几乎像一只展翅飞翔的大鸟（图103）。

隐喻的建筑也可以在一些令人称奇的场所出现。位于德文郡北部的伊尔弗勒科姆的滨海景观被两座巨大的砖石圆锥体彻底改变了，据说象征着曾经沿着这条海岸线遭废弃的工业建筑。这就是置地广场剧院

图 101
位于设菲尔德的前国家流行音乐中心

(Landmark Theatre)（图 104），由蒂姆·罗纳尔兹（Tim Ronalds）建筑师事务所设计，建造在一座废弃的旅馆场地上。一座圆锥体容纳着观众厅，另一座的内部是冬季花园。两座圆锥体的建造没有采用 18 和 19 世纪的砖窑模板成形工艺。一切要归功于这座传统的、华而不实的海边小镇，它同意建造这种夺人眼球的建筑，这座建筑堪与圣艾夫斯设计的泰特美术馆媲美。

所有建筑中最具有诗意的恐怕要数伍重设计的悉尼歌剧院了，它以风帆一样的造型伸入海港。其优雅的曲线和交错穿插的体量几乎越过了隐喻的范畴，而进入明喻的领域，创造了一个精彩绝伦的构图，使之成为悉尼的标志性建筑，甚或是澳大利亚的象征。毫无疑问，这就是为什么偶尔的功能性缺点能够得到谅解的原因。

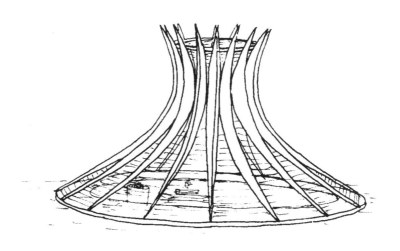

图 102
巴西利亚主教堂

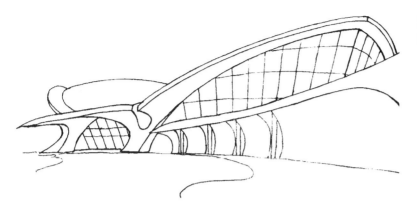

图 103
纽约机场

在设计波尔多的法院（图 105）时，理查德·罗杰斯合伙人事务所决定呼应葡萄酒酿酒场的意象，这是该地区经济成功的象征。

在海湾地区国家，正在兴建的酒店从船帆或海浪的形状中吸取灵感。

多米尼库斯·伯姆（Dominikus Bohm）设计的地方行政大楼，建造在本斯贝格的中世纪城堡遗址上（图 106），采用以混凝土和玻璃表达的当代形式语汇，唤起了城堡的意象。这是一幢引人注目的建筑，回应了 20 世纪 30 年代的表现主义。

最辛辣的建筑隐喻之一可以在丹尼尔·里伯斯金设计的柏林大屠杀博物馆（Holocaust Museum）看到（图 107）。其富于变化的形式表现在从平面到门窗洞口形状所展现的尖锐的点。面层材料为锌、铜、钛的合金，为剃刀一样锋利的边界和尖角增添了力度。立面上门窗洞口位置的布局看上去充满随意性，它们产生于将柏林所有牺牲在纳粹铁蹄下的犹太人的住址连接起来的线条。彼此强烈对抗的形状为这座称为第二次世界大战中犹太人苦难纪念的最雄辩的建筑增添了最精彩的一笔。这就

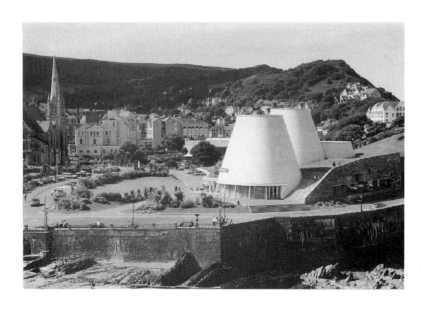

图 104
德文郡的伊尔弗勒科姆的置地
广场剧院

图 105
位于波尔多的大审法院

图 106

本斯贝格行政大楼

图 107
柏林的犹太人博物馆

是毕加索的《格尔尼卡》(Guernica) 作品在建筑领域的表现。

在索尔福德码头的劳里艺术文化演艺中心对面，就是里伯斯金设计的帝国战争博物馆北翼 (Imperial War Museum North) (图 108)。其相互对抗的形状据说代表了一场战斗之后的碎片。三个主要的元素象征着在陆地上、海洋上和空中发生的战争的剧场。被唤起的另一个意象是一件武器埋藏在宽阔的曲线状屋顶中，这个屋顶既可以代表土地，或者说也可以代表人类的颅骨。这是一个对暴力的雕塑式的隐喻，这恐怕不是国防部所希望看到的。

于 2000 年 8 月竣工的一组构筑物跨越在隐喻和直接的结构相似性之间。这些构筑物位于康沃尔郡的圣奥斯特尔附近的一大片废弃的采石场场地上，成为伊甸园项目 (Eden Project) 的核心区 (图 109)，这

图 108
位于索尔福德码头的帝国战争
博物馆北翼

是一个雄心勃勃的艰巨任务，要创造出潮湿的热带气候和温暖的温带气候环境，以容纳来自世界各地的植物。热带雨林馆（Humid Tropics Biome）是最大的单体建筑，包含有三座连接在一起的穹顶。它高 55 米、长 240 米、宽 110 米，是世界上最大的无须支撑的温室。其创作灵感可以追溯到美国建筑师巴克敏斯特·富勒（Buckminster Fuller）发明的网格球顶。这种结构的主要几何元素是六角形，与大自然存在着联系。六角形集群（hexagon clusters）是最有效率的结构形式之一，这可以从蜂巢和家蝇的眼睛结构中看到。六角形结构内部的表皮由充气围护结构组成，材料是塑料乙基四氟乙烯（ETFE），这种材料在太阳照射下不会老化。它们在自重和成本方面只有玻璃的几分之一，而使用寿命可达 25 年。

图 109
位于康沃尔郡的圣奥斯特尔的
伊甸园项目

承担设计的建筑师是尼古拉斯·格林姆肖（Nicholas Grimshaw）。结构工程师是安东尼·亨特（Anthony Hunt）联合事务所。

　　这种技术被认为具有创造超大空间的可观潜力，其内部环境可以控制，里面可以建造单体建筑或整个街道和广场。实现一簇簇网格球顶穹顶之内的零能耗城镇的梦想，恐怕并不遥远。这种形式将成为具有生物形态的建筑学的极致。

　　隐喻避免了具象的形象，将解开这种联结的工作留给具有洞察力的人。这是在情感层面的对比。制造这样的联结是一种创造性的动作，因此是一种审美体验。当这种相似性在明喻层面，而不是在隐喻层面时，那么就冒着反而无效的风险。人们或许会对于形状像个汉堡的汉堡吧避之不及。

美与崇高

　　"崇高"是许多世纪以来其重要性不断降低的词语之一。朗吉努斯（Longinus）*在公元1世纪首次用这个词来指对压倒性的和令人敬畏的东西入迷的状态：呈现在危险的面前，而并不实际地处于危险之中所带来的愉悦。在18世纪，这个词被许多哲学家再次提起，例如埃德蒙德·伯克（Edmund Burke），他认为崇高是美的对立面。他将美描述为满意，但崇高是震撼。[1]

　　18世纪浪漫主义的兴起伴随着对崇高的再发现。自然主义的诗人们，尤其是威廉·华兹华斯（William Wordsworth），无不为大自然中令人敬畏的事物所吸引，往往被想象力所推动。《序曲》（The Prelude）这一作品正是如此，在这部作品中，华兹华斯因布朗峰无法实现其崇高的预期而哀伤不已。

　　长期以来，建筑成为传递崇高感的一种工具，通常由超人的尺度得以展现。毫无疑问，这是13世纪法国建筑师发狂一样地竞相达到更高的高度的动机之一，这才产生了亚眠大教堂那无与伦比的成就（图110），以及科隆大教堂那令人惶恐不安的巨大尺度。

　　对于巨大尺度的着迷从种系发生学的角度来讲，是早期大脑程序——产生情绪反应的大脑边缘系统——的一个方面。亚眠大教堂证明了这一事实，即针对超人尺度的、早期的大脑边缘反应可以与更高程度的审美敏感性和谐一致地运作。亚眠大教堂代表了空间的压倒性庞大尺度与复杂的建筑形式以及精细而丰富的细部的完美结合。

---

*　朗吉努斯，213—273年，古希腊新柏拉图主义哲学家、修辞学教师，《论崇高》的作者。——译者注

(a)

(b)

图110
亚眠大教堂（a）和沙特尔大教堂西窗的细部（b）

　　沙特尔大教堂触及了最深处的神经，其阴暗的光线使彩色玻璃的光辉更加壮观（图110，右图）。它唤起了崇高的体验，这与所传递的＂神圣的洞穴＂的原型信息是一致的，同时与完美比例的室内立面形成对比，所有这一切都在证明建筑中的美是多层次的。

　　我们同样可以这样描述伊斯坦布尔的圣索菲亚大教堂。这是一个令人敬畏的空间；一个巨大的、多重穹顶的空间，使观看的人无法相信这是6世纪技术的伟大成就（图111）。

　　有时雄心也会＂做过了头＂（o´er-leaps itself）[*]，正如发生在法国博韦主教座堂（Beauvais Cathedral）[**]那样，这个没有完成的工程矗立在那里，成为＂跃跃欲试的野心＂（vaulting ambition）的永久明证。为了体验崇高的敬畏感觉，再也没有比博韦大教堂的室内更好的场所了；这是一种绝妙的恼人体验。

　　在英国，贾尔斯·斯科特设计的利物浦圣公会大教堂的室内最好地捕捉住了这一现象。室外立面在崇高性方面也绝不逊色，以体量巨大的西部塔楼（Vesty Tower）达到极点（图112）。

　　除了利物浦大教堂，在19世纪，崇高的指挥棒从教堂建筑师传给了工程师。即便在今天，圣潘克勒斯火车站的巨型拱顶也传递着压倒性的信息。

---

*　源自莎士比亚作品《麦克白》。——译者根据作者解释注
**　始建于1225年。1284年，由于支柱的间距问题，致使穹顶坍塌。——译者注

图 111
伊斯坦布尔的圣索菲亚大教堂

　　在世俗建筑中，这种对巨人症似的崇高感的追求，在 20 世纪迅速地蓄积了劲头。在芝加哥，西尔斯大厦将人们的眼睛直接从人行道标高拉向了令人头晕目眩的高度。

　　在 21 世纪，这一趋势正在兴起，不久的将来可预期出现高达 1 英里的建筑。这样的建筑只能被看做是财富和权力的宣言，继续着崇高的建筑的基本功能之一，即强调作为个人的人类在企业力量面前的微不足道："令人惊悚的、了解我们自身弱小的必要愉悦"。[2] 在中世纪，那就是上帝；现在这就是跨国企业。

　　或许伯克关于美的有局限的定义是对的，这在 18 世纪是被普遍接受的。今天，我们或许可以将崇高解释为危险与安全、或者人性尺度与超人的事物对立面之间的相互作用。愉悦就存在于恐惧与敬畏的结合，那就是当我们跨越横亘在一处深谷上的纤细吊桥时，知道我们并没有处

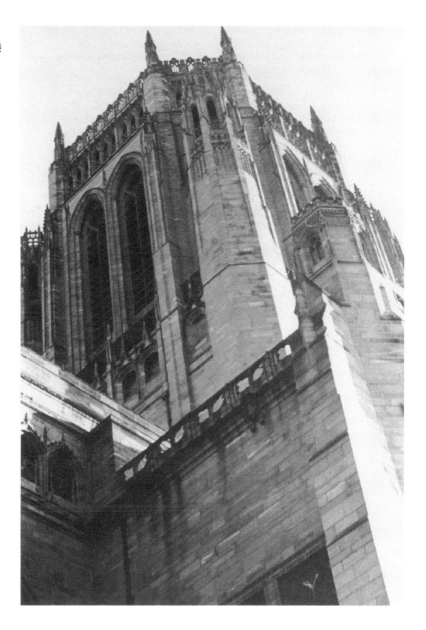

图 112
利物浦圣公会大教堂的西部塔楼

于实际的危险之中、或者当我们行走在这种吊桥的伦敦版本——跨越泰晤士河的新千禧步行桥时的体验。原始的情绪和理智之间的心灵对立，就是对立面之间的碰撞，从而产生审美愉悦的共鸣。

参考文献

1 Edmund Burke，*Philosophical Enquiry into the Origins of our Ideas of the Sublime and Beautiful*（London，1757）.

2 引文同上

第 15 章

次级比例

我们已经讨论了在建筑的总体品质中所包含的第一个层面的感知：首要的视觉对立。审美判断并不止于此。在形成一个价值决定（value decision）时，心灵寻找次级的二元组群，它们对于最终的审美结果有所贡献。

例如，正如我们所讨论过的，在林肯大教堂中，承载着基本信息的分割线就在塔楼和巴西利卡之间（图 113a）。次级的二重多样性发生在塔楼自身的关系之内。在西部塔楼和中央塔楼之间存在着竞争。两座西塔楼实际上是一模一样的。所以几乎全部信息是重叠的，或者说是重复的。在这个二元竞争中，中央塔楼实现了在模糊的边界之内的主导性。从以下两点来看，具有审美满意度：首先，是比例感；其次，在我们对于事物的适当秩序的期待方面。中央塔楼理应成为主导。

这一论点的说服力可以从与约克修道院的对比中得到证明（图 113b）。后者有着无与伦比的一对西塔楼，但是中央塔楼没有满足主导性的要求。实际上这部分没有完工，告诉人们中世纪的会计师如何战胜了建造商。其结果就是，这部分无论在尺度上、还是在细部的丰富性方面，都是西塔楼的微不足道的补充。最终在这个方面无法符合良好比例的要求。

中世纪的建造者们努力使他们的建筑始终沐浴在光线之中，产生了一些令人称奇的成就，例如巴黎的圣礼拜堂（St Chapelle），其结构消融在光线之中。这种努力是受到"神圣之光"（divine light）这一原则——最接近上帝的纯净和光辉的元素——所驱动。这在住宅建筑方面得到一个副产品，即中世纪晚期的豪宅立面都由巨大的、网格状的窗户所主导。杰出的案例就是位于英国德比郡的哈德威克庄园（Hardwick Hall）（图 114），正确的说法应当是"玻璃比墙面多"。这座无与伦比的建筑的功劳应属于伊丽莎白——什鲁斯伯里伯爵夫人（Countess of Shrewsbury）（"哈德威克的贝丝"）——她确保了无人怀疑她的财富，或者说这座大厦的荣誉归属于她。她的姓名首字母 ES 装饰着屋顶四面的带状饰。

我们正在讲的重点在于，窗户与墙体之间的关系是决定建筑总体比例品质的一个因素。大多数中世纪的豪宅都是以窗户主导的；另一方面，在帕拉第奥式或乔治王朝时期的住宅中，墙体是同伴中的主导。

图 113
塔楼的比较：林肯大教堂（a）
和约克大教堂（b）

(a)

(b)

图 114

德比郡的哈德威克庄园

贯穿本书的主线在这里也适用——也就是说，在各要素之间存在明显的伙伴关系时，如窗户和墙体，它们会产生一种能够被单独评判的半自给自足的模式。与此同时，这种次级模式必须隶属于总体概念的上一级模式。

在最终作出审美决定时，集组过程再一次发挥作用。"窗户特性"（window-ness）的总量与"墙体特性"（wall-ness）的总量进行着较量。无论哪一种结果，在这种二元竞争中，应当有一个成为确定的赢家，但也是在分差的主导性（deferential dominance）范围内。

可以感知到的窗户对墙体的比例是可以进行操作的。在图 115 中，例子 A 是一个典型的乔治王朝时期的比较平坦的立面，窗户是嵌入墙体中的。这是一种墙体主导的模式。然而，如果墙面有壁柱作为装饰，并且通过出挑的周边缘饰来强调窗户的话（B），那么，平衡似乎就改变了。窗户成为更具有主动性的要素，即使洞口尺寸是一样的。它们被赋予了额外的感知分量，这种结果是由于下述事实，即壁柱标出了它们的边界，因此围绕着窗户的墙面部分及壁柱之间的墙面部分都被感知为窗户的领域。这就增加了"窗户特性"的分量。

窗户作为单独的元素在比例方面具有重要意义。乔治王朝时期完

图 115

窗户与墙面的比例：感知上的变化

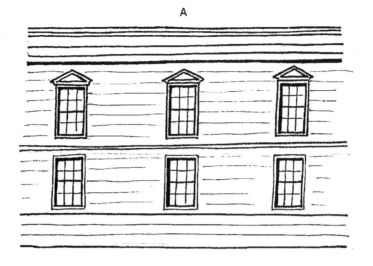

A

B

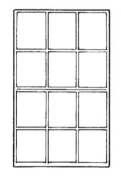

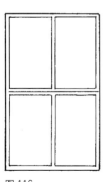

图 116

乔治王朝时期和维多利亚时期的窗户

美的窗户遵循着黄金比例的原则。如果我们将它与四片玻璃板组成的维多利亚时期的窗户进行比较的话，后者在审美价值方面大大下降。这其中可能有几点理由（图116）。乔治王朝时期的窗户那漆成白色的玻璃窗棂组成了网格状图案，使其在与"墙面特性"的竞争中呈现出强有力的状态。与此相对照的是，维多利亚时期的窗户在视觉上是虚弱的。最终，也正因如此，后者由于犯下"未决的二元性"的错误而承担着恶名。与乔治王朝时期的窗户的三片玻璃板相比，它在动力方面是有惰性的。

心灵倾向于三段式构图，而不是对称的两段式，这是一种巧合吗？

图 117
帕拉第奥式窗户，以及与霍尔
克姆府邸相比的示意

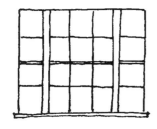

例如，在荷兰的住宅中，主要的窗户通常都是三个一组。在早期哥特式建筑中，尖顶拱窄窗要么是三个一组，要么是五个一组——又是斐波纳契数列。在约克修道院中，七姐妹窗是个特例，再次证明了这一原则。

最后一点，窗户设计的凯歌之一是帕拉第奥式窗户。这是一个表明了两个完全一样的次要元素与中央的主要元素之间展开竞争的完美例子。这是另一个 ϕ 比率的信息象征的例子。它就像一个小尺度的霍尔克姆府邸。乔治王朝时代的人们在这个主题上发明了自己的变体（图117）。

在 20 世纪中叶，勒·柯布西耶扩展了窗户和墙面之间的相互作用的可能性。这在朗香圣母教堂的倾斜墙面中得到了充分证明。在这里，墙体要素似乎是压倒性的，但是窗户的抽象排列创造了一种独特的模式，给予窗户额外的主导性。在教堂内部，窗户对于气氛的营造发挥了作用，这种气氛从深远的意义来说是原型的宗教氛围，而不是基督教的感觉。

图 118
拉图雷特修道院

拉图雷特修道院（Monastery at La Tourette）（图 118）创建了一种非常不同的墙体与窗户的关系，还要加上下述事实，即装有板条的窗户那被打破的模式增添了混沌的感受。

二重多样性的变式

比例问题也与立面的垂直划分息息相关。尤其是在文艺复兴时期，建筑清晰地分出层次，或许是用柱廊划分，或者带有粗面石工的防御性底层。主楼层，或者叫做*落地层*（piano nobile），有着非常适宜的装饰，与阁楼层分开，阁楼上住着仆人。这些层次之间的比例关系对于总体的审美决断起着关键的作用，正如由帕拉第奥从正面证明的（图 61），以及由查理五世的建筑师从反面证明的，这位建筑师用一座壮观、然而却不得体的建筑，明显地割裂了位于西班牙格兰纳达的爱尔汗布拉宫的美学整体性（图 119）。

对于采用古典语汇的当代建筑来说，事情未必总是想当然的。例如，伦敦城的一个扩建项目形成了主教门 1-3 号（图 120）。立面分成了两

图 119
位于格兰纳达的查理五世爱尔汗布拉宫扩建项目

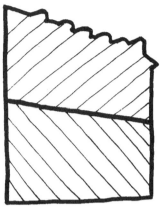

图 120
伦敦城的主教门 1—3 号，以及
修改过的比例关系

个层次，底下的部分是古典柱子组成的巨大体量的柱式，使建筑产生一种腿过长的外观。两个部分有着相似的信息分量，即便它们的表达方式不同，因此产生了未决的二元体问题。

　　这里提出的修改方案对于落底层赋予了适当的比重，同时降低了拱形走廊的地位。这是一个更为常规意义上的古典构图，但是，如果选择了古典语汇，那么，就有足够的理由遵守经过检验的常规。

　　一座建筑在多大程度上能够展现比例的品质，取决于特征要素的组合，从主要元素的布局、到窗户的比例和布置、底层与上部楼层的比例，以及墙面与屋顶的比例。任何对于墙面与屋顶之间比例的重要性的怀疑，将被法国卢瓦尔河畔的香波尔皇家城堡（Royal Chateau of Chambord）展现出的吸人眼球的屋顶景观所消除（图 121）。

　　这种分析的过程逐步关注于甚至更微小的细节问题，最终达到总体的美学评价。这种复杂的过程对我们大多数人来说，是在直觉层面进行的，这一事实是感官世界的*品质*方面对于心灵而言如此重要的又一个指征。

　　在以这种按顺序的方式对建筑进行分析时，我们要记住，在对一座建筑进行直觉评估时，大脑是*平行*操作，而不是按序列操作的。换句话说，对建筑的美学品质进行总体价值判断起作用的各种成分，是作为一个*整体*进行评估的，或多或少是同时进行的。将这一过程进行理性化，目的在于提供分析工具，以发现为什么我们会作出特定的直觉反应。分析必然是一个线性的过程，但是也可能意味着，重新组合起来的整体在这一过程中是更为丰富的。

　　最后一点，每一座建筑都是与其环境交织在一起的。普莱尔帕

图 121
卢瓦尔河畔的香波尔皇家城堡

克可以作为真空中的绘图板上的构图来分析，但是当从远处穿越了一片经过仔细构图的风景——由一片湖面和连接着前景中的威尔顿别墅（Wilton House）的帕拉第奥式桥梁的复制品组成——观看的时候，这座建筑达到了真正的建筑学境界。位于德比郡的凯德尔斯顿庄园（Keddleston Hall）中亚当兄弟设计的立面由一些经过景观设计的花园所补充，看上去十分美丽，相比之下，正立面朴素的古典主义却设置在一个光秃秃的山坡顶部（图 122）。这种外观上的双重个性，加上亚

图 122
位于德比郡的凯德尔斯顿庄园中亚当兄弟设计的立面

当兄弟设计的这一侧室内的富丽堂皇，使得这座建筑成为英国文艺复兴式建筑的瑰宝之一。

室内的体验

到目前为止，唯一提到的将比例关系运用于室内空间的例子，是曾经提到的沙特尔大教堂中黄金比例所带来的整体感力量（图124）。对室内空间的理解所需的感知路径不同于通常与建筑室外空间相联系的路径。信息场域是360°的，因此涉及复杂的眼睛和头部的运动，以确保大脑构建出感知的整体。在室外空间中的单体建筑最多只需要眼睛的运动，因此感知的过程是高度聚焦的。与此同时，在一座建筑的内部有更多的情感性参与，因为它将一切包容在内。

也许有人会说，室内空间更为复杂的情形在于，人们会说比例关系随着人在空间内移动而改变。在这种情形下，心理学中的恒久不变的规则发挥了作用。例如，随着我们越来越远离一棵树，我们对其大小的感知是恒常的，尽管它占据了我们的视野中越来越小的部分。类似地，刚进入一间房间，对于其比例的最初印象就继续保持在我们心里，尽管我们的位置在改变。

最吸引人们注意的房间就是那些遵循严格比例规则的房间，例如威尔顿别墅中的双立方体房间（double cube），这是伊尼戈·琼斯对这座房子进行的扩建的一部分。对它的比例的评判并不是直接的，因其拥有丰富的巴洛克风格的装饰、巨幅绘画及耀眼的配色方案，这些因素共同迅速吸引了我们的注意力。即使在这样一种具有复杂性的房间里，仍然有着运用二元判断的机会，因为装饰华丽的壁炉形成了一个强有力的焦点。在华丽的大住宅中，壁炉呈现出最集中的对细部的精雕细琢。将这一点与火的象征性和原型的联想联系起来，就具备了和谐的主导性的可能。

除了其显贵的地位，这个双立方体的房间处在房间和走廊的中间状态。这种细微的模糊性削弱了其美学整体性，这就引出了如下的问题：斐波纳契数列是不是再次成为问题的答案？如果一个房间的长、宽和高的尺寸分别处于，比如说8∶5∶3的模糊边界的话,是否会更为舒适呢(图123)？

在沙特尔大教堂这个案例中（图124），不知名的建筑师创造了一个传递着静谧感的空间，这是任何其他欧洲教堂所不能比拟的。就我自己而言，这个判断在我了解到其室内立面遵循着斐波纳契数列很久以前就已经形成，即便教堂的重建开始于那篇著名的证明了兔子的繁殖率数列的专著发表之前。

图 123
遵循斐波纳契数列的室内

图 124
沙特尔大教堂的室内

当然，这要冒着招致过于简单化的指责的风险，因为被感知到的比例可以通过门窗的位置、尺寸和比例、家具的位置、风格和尺度，以及装饰和配色方案等等进行操作。物体和色彩的情感属性本身就是一个迷人的主题，可以产生大量的博士研究论文。然而，值得考虑的是，可能斐波纳契数列提供了在基本的比例方面产生和谐空间的最佳机会——邀请人们驻足的空间。

第 16 章

大脑边缘区

> 有学问的人理解艺术的本质，没有学问的只能看到其骄
> 奢淫逸。[1]

今天已经不会允许这种政治上不能接受的评论了。实际上，对于有
学问的人来说，需要花上相当长的时间才能欣赏"骄奢淫逸"的价值。
作为 20 世纪 50 年代的学生，我们被调教得去鄙视巴洛克 / 洛可可建
筑的繁缛修饰；也就是说，直到我们被尼古拉斯·佩夫斯纳（Nikolaus
Pevsner）在剑桥大学开设的"斯莱德"讲座（Slade lectures）修理过
之后。他钟情于德国和奥地利（Austro-German）的巴洛克风格的恣意
纵横，而我们的抗体远非那么强大，足以抵抗他的热情所带来的感染。
甚至最严苛的清教徒也不能阻挡多瑙河畔的梅尔克修道院（Monastery
of Melk）展现的重磅力量所带来的压倒性气势（图 125）。

心灵中有一个部分喜欢明亮的三原色，喜欢金银的闪亮，喜欢沉
浸在由于丰富的音调而呈现出的复杂性之中。这或许就是对这类刺激进

图 125
梅尔克修道院的小教堂

行反应的大脑更为原始的部分，或者所谓的"没有学问的"部分，但是，这并不是为了贬低其价值或有效性。大脑研究得出的结论是，中脑或者说边缘区域可以在意识之外运作整个感知路径，并且运作一个与人类发展的原始阶段相关的价值系统。边缘部分的大脑是我们情绪的发源地，能够对于这种价值系统相连的视觉和听觉刺激进行反应，释放出强大的情绪负荷（emotional charge）。举个例子来说，每年英国广播公司（BBC）举办的逍遥音乐季（Promenade season）*结束的时候，都是在阿尔伯特音乐厅（Albert Hall）用钟声鸣响"希望与荣耀的土地"（Land of Hope and Glory）**这支曲子，这提供了有力的证据，即我们实际上已经受制于大脑边缘区域的价值系统——在这个例子中，埃尔加 - 本森的组合（Elgar-Benson alliance）不可思议地象征了过时的社会和政治价值观。

如果说盖里以"高端艺术"娱乐大家，那么，真正与之相对的就是奥地利的艺术家 - 设计师，他把自己的风格称作百水。他因对维也纳的许多建筑进行了戏谑式的改造而成名。他设计的新建筑不如改造的现有建筑多。他是作为一个画家来进行设计的，当将艺术运用在建筑上时，他并不受一位建筑师通常会体验到的约束的限制，唯一的例外是安东尼·高迪，他一定是灵感的源泉。

他的作品有着政治方面的弦外之音，公然藐视当局。具有讽刺意味的是，维也纳这座汇聚奥地利精英的城市，却提供给他最好的机遇。

这些作品中最著名的就是百水公寓（图126），这座建筑一问世，就招来轩然大波。我们该怎样评估这样一座建筑呢？它源源不断地吸引着一批批游客，这一事实显然证明了这座建筑有着吸引力，它作出了藐视现有规范的挑战姿态。如果建筑的确是社会集体精神的一种投射，那么显然，维也纳存在着严峻的紧张态势。

这座建筑也不能被视作离经叛道，因为百水先生也接受委托设计一座工业厂房——维也纳的垃圾焚烧厂和区域采暖厂。这是一个不被看好的挑战。最初是一座严格的功能性建筑，现在被改造成穿着圣诞盛装的梦幻建筑（图127）。面对这座建筑，所有的常规建筑准则都被抛之脑后，人们就是喜欢这种色彩和闪闪发光的节日气氛。如果说曾经有过触发大脑边缘区域的建筑的象征，这就是。这都要归功于百水先生，他在2000年4月辞世，当时本书正在写作中。这还要归功于城市政府官员允许这样的建筑诞生。或许百水先生利用了在前文提到的、对梅尔克修道院有所贡献的心理学方面的才华（psychological vein）。

图126
维也纳的百水公寓

---

* 逍遥音乐季是每年一度在英国伦敦举行的古典音乐节，是世界著名的音乐节之一。每年音乐节均于夏天举行，历时八星期。"逍遥"的意思是参加音乐节的观众要一直站着观看演出，但可以随意走动，尤似散步。——译者注

** "希望与荣耀的土地"是一首英国爱国歌曲，由爱德华·埃尔加作曲，并由 A·C·本森于 1902 年作词。——译者注

图 127
维也纳的垃圾焚烧厂和发电厂

　　这就提出了一个问题，即存在着一种引发了超出纯粹审美满意度范畴的愉悦感的体验领域。当我们由于喜爱巴洛克风格的金碧辉煌，对集市中鲜艳的色彩和喧闹的人群、Urbis 博物馆建筑全反射玻璃幕墙（图92）而产生反应的时候，我们是对于心灵的更为原始的部分产生反应，"大脑边缘区的快乐"（limbic pleasure）这一术语由此而来。这就承认了下述事实，即这是大脑进化中更早期的系统，当感官被铺天盖地的刺激轰炸时，这些系统就被激活。这里并不存在寻找潜在模式的问题；只是一种服从于视像、声音和气味的压倒性影响的例子。

　　在其他拙著中，我已经论证了在我们的城镇中给予这种体验的重要性。城市规划者曾经倾向于净化城市，清除任何无政府主义活动。最终，事情与这一认识唱了反调，即整洁并不总是接近于敬神。[2]

趋向熵

《牛津英语大词典》(Oxford English Dictionary) 对"熵"的定义是"逐渐衰退到无序"。从科学意义上来说,这是一种对复杂性的度量。当运用到建筑中时,它是关于建筑各要素之间的逻辑关系的解体——设计的各个部分之间连接性的公认模式的解体,这样强调的就是对于任意集合在一起的完全不同的元素的印象——而不是作为一个整体。在20世纪80年代,出现了一类建筑,颇具挑战性地藐视美学规则,常常也是结构规则和逻辑规则[3]。这可以被描述为*反美学的*(anti-aesthetic),或许可以被定义为"熵的"(entropic)建筑,因为它旨在实现无法得到缓解的复杂性。其设计就是为了释放震撼力,有时就是要表达对占主流的事物秩序的藐视。

卢西恩·克罗尔 (Lucien Kroll) 以其设计的布鲁塞尔附近的医学院学生公寓,被认为打响了推翻既有规范的第一枪。他的证据就是,在设计中,他允许学生们完全自由行动。然而,根据后来的标准,他几乎是一个保守主义者。

维也纳也是这种趋势的一个支流所在地,尤其体现在蓝天组 (Co-op Himmelblau) 建筑设计公司的作品中。一座粗略估计建于19世纪晚期的常规商业建筑,被冠以一个使人想起一只匆忙降落的大鸟的构筑物。这一令人称奇的、由互不相干的元素组成的集合体,容纳着该公司的会议室。要欣赏这一建筑宣言,我们就必须将我们的参照系从美学价值转向幽默。为赢得商业优势地位而使用幽默,是 Site 股份有限公司 (Site Incorporated) 纽约分公司的特征。从20世纪70年代开始,这些建筑师创作了一些非同寻常的建筑,似乎处于裂变 (disintegration) 的晚期阶段。

熵的建筑在斯图加特可以看到,有两座建筑代表了这一风格。第一座建筑是位于 Lugisland 行政区的幼儿园。这座建筑看上去似乎饱受地震创伤。面层材料的各要素之间互相碰撞、重叠,呈现出一种随机性的景象。这并不是遵循混沌理论的建筑,因为并不存在潜在的逻辑。据称这表现了"解构主义的美学",这本身就是一个逆喻 (oxymoron)。设计哲学在于为儿童提供未加建造的环境,这样就不会阻碍他们的发展。显然这是那个时代的产物,当时人们相信"婴儿知道得最多"。跟踪这些学生后来的发展会是一件很有趣的事[4]。

依据同样的设计哲学,但是以更为节制的方式建造出来的是一座低能耗中心——Hysolar 太阳能研究所 (Hysolar Institute)(图128)。在这里,人们可以思考戏谑的建筑与里面所容纳的严肃科学活动之间的对比。

最近建成的所有公共建筑中最反常规的一座,一定要归属于位于一座风格严谨的荷兰城市格罗宁根的格罗宁格博物馆 (Groniger Museum)(图129)。其形状不可能比假定它们被从高处自由坠落下来所形成的构图更为随机的了。这曾经被描述为"随意发生的不和谐的练习"。

图 128
斯图加特附近的 Hysolar 太阳能
研究所

图 129
位于格罗宁根的格罗宁格博物馆

参考文献

1 Quintilian, *Institutio Oratoria* IX, 4.

2 Peter F.Smith, ´Viva vulgarity! And other limbic values´, Chapter 10 in *The Syntax of Cities* (London : Hutchinson, 1977).

3 Peter F.Smith, *Architecture and the Principle of Harmony* (London : RIBA Publications, 1987).

4 Peter F.Smith, *Architecture and the Human Dimension* (London : George Godwin, 1979).

第 17 章

生物气候学的机遇

在这个时刻阐述新的建筑形式如何涌现出来，以回应使建筑物始终为环境中性这一需求似乎是合适的。减少碳密集型能源的需求被认为是最具有成本效益的二氧化碳减排方式，而建筑物则是最大的罪魁祸首。最大限度利用自然采光和自然通风，以及减少空间采暖的能源需求，这种驱动力导致了新的建筑机遇。在办公空间中，中庭并不是新理念，但是作为一种获取建筑室内自然采光及通过热浮力效应驱动自然通风的方式，它正在产生设计可能性的新语汇。

在某些情形中，中庭演变成室内街道。在办公空间中，这已经成为一个配有餐厅和"室内/室外"咖啡厅的社交互动场所。设菲尔德哈勒姆大学通过扩建和翻修中庭，以连接两侧平行的建筑体量，而彻底改变了其环境。现在这里成为迎合人们心意的社区空间（图 130）。这也几乎成为企业建筑的惯用手法。大受欢迎的方式是使中庭成为缩微的城市邻里，常常以大量的植物作为装饰。这种风格的第一个例子是由尼尔斯·托尔普（Niels Torp）设计的位于斯德哥尔摩的瑞士航空公司总部办公楼。该建筑师在位于希思罗机场水滨商业中心（Waterside）的英国航空公司总部大楼中重复了这一手法（图 131）。

这是一种走向生物气候学建筑的姿态，同时，也优化了建筑内部使用者的生活品质。办公楼的室内立面成为玻璃街道的外立面，这是一种"内"和"外"的概念的同韵。

生态塔楼

这一定就是逆喻吗？正统的"绿色"建筑会排斥所有高度超过大约十二层的建筑，因为这一高度在西欧的气候区范围内是自然通风不再适用的界限。塔楼通常需要庞大的机电服务系统。同时，每增加五层楼左右，建造过程中的能源成本也就大大增加。

然而，生态塔楼有其倡导者，最著名的就是吉隆坡的杨经文。他率先提出了空中花园辅以自然通风的概念。为了应对风速（在 18

图 130

设菲尔德哈勒姆大学的中庭

层楼，风速可达每秒 40 米），他采用了风翼墙和风斗，使风转向建筑的核心。

这些原则在西方最壮观的扩展是法兰克福的商业银行（图 132）。[1] 该项目起初是一座总部办公楼的邀标竞赛，设计包括 90 万平方英尺的办公空间和 50 万平方英尺的其他用途。设计纲要明确提出，这必须是一幢能效和自然通风发挥关键作用的生态建筑。在当时，绿党控制着这座城市。诺曼·福斯特赢得了这次竞赛，在作品中，60 层高的三角形建筑围绕着一个开敞的、贯穿整个建筑高度的中央核心区。该设计最显著的特征是与开敞式花园的结合。共有九个花园，每个花园占据四层楼，以 120° 的角度围绕着建筑旋转，使所有办公室都与花园有着连接。

图 131
位于希思罗的英国航空公司总
部办公楼中庭

花园也是社交空间，人们可以在这里喝一杯咖啡，或者享用午餐，每个花园"属于"一组可容纳 240 人的办公空间。正如该建筑师事务所的描述："我们把建筑分成了许多村庄单元"。这在为使用者减少其所处的空间尺度方面是极为重要的。花园种植着来自北美、日本和地中海地区的植物，根据地面以上高度的不同分别配置（图 133）。

自然通风从花园顶部进入，穿越位于中央的中庭。中庭以 12 层划分一个单元，在 12 个楼层内，有着来自三个方向的花园的穿堂风（图 134）。空气质量是良好的，同时绿色植物也净化了空气。据估

图 132
法兰克福的商业银行

计，自然通风系统在全年 60% 的时间段是足够的。如果气候条件太冷、风力太大或者太热的话，楼宇管理系统（building management system-BMS）将启动后备通风系统，该系统连接着布满整个建筑的冷顶棚系统。

玻璃幕墙的设计遵循着气候立面 *(Klimafassade)* 的原则。在每个楼层，新风从立面进入一个 200 毫米的空气间层，在这里空气被加热，通过间层的顶部送出去（实际上，这就是一个热力烟囱）。气候立面的组成包括外层表皮 12 毫米厚的玻璃，玻璃上镀了特殊的膜，以接受雷达的信号，大概是来自机场的信号。立面的内层表皮是镀有 Low-E 膜的双层玻璃，使整个系统有着很好的保温值。在外表皮中有永久开启的通风口，而内表皮的双层玻璃构件有着可开启的通风口，当环境需要的时候，BMS 系统可以超驰运行，开启通风口。空气间层中的电动铝百叶提供了遮阳功能。据计算，这种通风系统仅消耗全空调办公楼所使用的能源的 35%。

这是一次值得称道的尝试，创造出一座将环境影响减少到最低限度

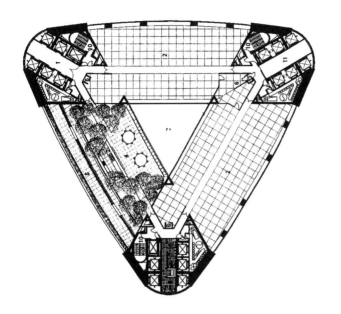

图 133
商业银行的标准层平面

的高层塔楼，同时也为使用者提供了最佳的舒适度和令人愉悦的环境。它也证明了生物气候学建筑如何受制于政治命运的变幻莫测。假使绿党没有在法兰克福有过一段短暂的辉煌，那么，我们几乎可以肯定，这座建筑永远都不会出现。

福斯特及其合伙人事务所最近对生态塔楼这一风格的探索，表现在一家位于伦敦的叫做瑞士再保险公司（Swiss Re）的保险机构总部大楼上的。该建筑坐落于伦敦城中心区，容纳了 4500 名员工。它通过新鲜空气进行自然通风，圆锥形塔楼点缀着围绕核心筒旋转的〝空中花园〞。建筑的形状是最大限度减少周围建筑遮挡的结果。

谈到旧建筑改造，没有什么能够像福斯特及其合伙人事务所对柏林议会大厦所进行的修复那样达到如此炫酷和充满戏剧性的了，正如我们在第 12 章中所描述的。将直射自然光导入建筑室内的目标，产生了最壮观和最令人愉悦的建筑特色，即从穹顶下降的装有镜面的圆锥体（图 135）。在这里，真正实现了功能需求与大脑边缘区吸引力的结合。

生物气候学的压力正在产生新的屋顶形式。

在这种新一代具有环境先进性的建筑中，技术最复杂的是位于伦敦的新议会大厦——保得利大厦（Portcullis House）[1]（图 136）。它坐落于威斯敏斯特桥附近，这是伦敦污染最严重的场所之一。该场地就对要求建成一座自然通风建筑的设计纲要带来了严峻的挑战。迈克尔·霍普金斯（Michael Hopkins）担任建筑设计，阿鲁普联合事务所担任机电和结构工程设计。

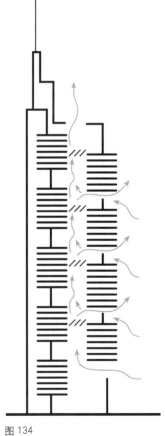

图 134
商业银行内的自然通风路径

图 135
议会大厦内反射光线的圆锥体

我们再次看到天际线使这座建筑从办公楼惯常的权威形象中脱颖而出。结合着轮式热交换器的巨型热力烟囱打断了天际线。新风在高标高处通过轮式热交换器被抽入建筑内部，可以减少来自机动车尾气的颗粒物质污染。不断上升的暖空气驱动着轮式热交换器，通过排气烟囱排出建筑。[1]

更为惊世骇俗的屋顶轮廓线是艾伦·肖特（Alan Short）设计的考

图 136
伦敦威斯敏斯特区的新议会大厦

图 137
考文垂大学图书馆

文垂大学图书馆[1]（图 137）。这是一座大进深平面的建筑，然而经过建筑师的设计，在不依赖穿堂风的前提下实现了自然通风。空气的流通依靠的是热浮力原理，通过一套非常复杂的楼宇管理系统进行控制。废气通过位于建筑外围的塔排出去，塔顶的终端设备可以阻止主导风将空气倒灌进入烟囱。这些烟囱使人联想起阿拉伯地区城市中传统建筑的风塔，但是不同之处在于，功能正好相反，其目标是排出废气。据估计，这座建筑的能源需求比常规采用空调系统的办公楼减少了 85%，而后者是这类建筑的惯常做法。

　　另一个联想到的意象是肯特郡烘干炉房用的不断旋转的风帽[1]（图 138）。在诺丁汉大学朱比利校区，风帽上不断旋转的风翼保证了主导风在排气格栅处产生负压，有助于排出废气。这个案例的建筑师是迈克尔·霍普金斯及其合伙人事务所。

　　这种特征性外观的小规模版本注定要改变住宅的意象。比尔·邓斯特（Bill Dunster）为皮博迪信托基金会（Peabody Trust）设计的位于伦敦萨顿区的著名的"贝丁顿零能耗开发项目"（BEDZED-Beddington Zero Energy Development）将自然通风实现了最优化，无可避免的结果就是改变了屋顶的景观（图 139）。

　　具有创新精神的皮博迪信托基金会委托设计的这一开发项目，成为伦敦萨顿区的一个超低能耗的混合用途项目。它包含 82 户住家、271 个居住空间、2500 平方米的办公空间、作坊、工作间、商店和社区设施，包括托儿所、有机商店和健康中心，所有这一切都建造在先前的污水处

图 138
诺丁汉大学朱比利校区的空气
处理单元

理场场地上——最终无法利用的棕地（ultimate brownfield）。住宅区的
组成包括单室和两室的公寓、跃层公寓和市政住宅的混合。

　　皮博迪信托基金会能够认可并提供因环保设施的设计而造成的额外
成本，是因为有来自办公空间和住户的收入。尽管该信托基金会极为赞
同这一项目的目标，但是在资金方面也不得不掂量掂量。

　　从任何方面来说，这都是一个采用先进环保技术的整合式项目。这
是一个遵循罗杰斯率领的英国城市工作组（Urban Task Force）设计原
则的高密度开发区。总密度达到每公顷 59 户居民和 120 个工作空间。
如果以这样的密度计算，那么可以在棕地上提供大约 300 万套住宅，还
可以获得为居民提供额外工作空间的益处，大大减少了出行需求。这样

的密度中还包括提供 4000 平方米绿色空间，其中包括运动设施。如果
不算运动场和设置在"村庄广场"地下的停车场的话，密度可以提高到
每公顷 105 套住宅和 200 个工作空间。

　　有些住宅有地面层花园，而朝北的工作空间屋顶就成为邻近住宅的
花园（图 140）。

　　屋顶和南立面组合了光伏电池，提供的电力最终用于为电动车辆充
电，这个车队可以提供给居民按小时租用。关于这个项目还有许多杰出
的特色，它为我们指明的不仅仅是一种新的建筑形式，而且也是一种新
的都市生活方式。[2]

　　比尔·邓斯特一直都是在新建筑中使用回收材料方面的先锋。他设
计的顿卡斯特附近的地球中心（Earth Centre）的会议中心建筑采用石
笼结构作为墙体；也就是说，将松散的石头装在镀锌钢网笼里。在这个
案例中，压碎的混凝土组成了填料。支撑着主体结构的木支承是从附近
一个货车停车场找到的电缆塔经过回收利用而成的。屋顶所采用的钢材

图 139
萨顿区 BEDZED 住宅项目，南
立面

图 140
BEDZED 的北立面，可以经过天桥从住宅到达绿色空间和下层的办公空间

也是回收利用的。这是一座超低能耗建筑，其电力需求部分由风力发电机来满足。埋于地下的 400 立方米水箱在夏季储存太阳能加热的热水，用于冬季的供热循环。

　　压力持续存在于创造出能够逐渐减少使用地球自然资源及最终对全球变暖不再有贡献的建筑。实际上，未来的目标在于使建筑物成为电网的零碳电力供应者。生物气候学设计不是限制了想象力，而是一个探索新的表现领域及增进产生愉悦感受的潜力的机遇。

　　邓斯特对于塔楼的诠释，是创造出由四个具有居住功能的"瓣轮"（lobes）组成的平面，最大限度利用自然光和提供最佳视野，同时也作为这组建筑核心区的垂直轴风力发电机的集风器。瓣轮的布局能够使风速增加四倍。加上建筑中采用的光伏电池，这座建筑将成为净的电力输出者（图 141）。该项目正在翘首等待一位充满想象力的业主。

图 141
零能耗摩天楼，生态塔楼

参考文献 *

1 关于这些建筑的详细评价，包括在 Peter F.Smith 的 *Architecture in a Climate of Change*（Oxford：Architectural Press，2001），pp.122-5.

2 这个方案更详细的叙述在 Peter F.Smith 的 *Sustainability at the Cutting Edge*（Oxford：Architectural Press，2002），pp.153-9.

---

* 第一本参考文献《适应气候变化的建筑》已由中国建筑工业出版社于 2009 年 5 月出版，译者：邢晓春等；第二本参考文献《尖端可持续性》已由中国建筑工业出版社于 2010 年 12 月出版，译者：邢晓春等。——译者注

第三部分

城市的动力学

第 18 章

城市和参与的维度

一个理论如果要成为有效的建筑审美体验模型的话，就必须在迁移到城市尺度时，也能够行得通。

城市就是建筑加上空间和时间。从这个层面上来说，审美影响力必须与第四个维度相关，这被称作"历时性"审美。审美的总体就是当一个人穿越一座城镇的街道和广场时体验逐渐累积的结果。这是一种连续的体验，间或被"静止的"高潮所打断。从这个意义上来说，可以比作音乐，而且，正如音乐一样，有着抒情"旋律"的瞬间，其间由较低调式的*低音部（continuo）*段落连接起来。

我参与美学和城市设计研究的时期跨越了两个时代，从戈登·卡伦 (Gordon Cullen) 发表著作《简明城镇景观设计》(Townscape) (1960)，直到 1999 年由河畔领主罗杰斯勋爵领导的英国城市工作组出版的报告《迈向城市的文艺复兴》(Towards an Urban Renaissance)。我们似乎兜了一圈回到原地。两个时代都赞美城镇作为促进生活的场所所具有的优点，尤其是通过其多样性、审美丰富性和象征性共鸣对生活的改善。这一点由位于华盛顿的史密森学会 (Smithsonian Institute) 的会议上发表的一份论文进行了总结，作者是阿萨·布里格斯 (Asa Briggs)，现在是布里格斯爵士：

> 在西方传统中，"城市"(city) 和"文明"(civilisation) 这两个词有共同的词根，再加上"公民权利"(citizenship) 和"礼仪"(civility) 这两个词，这一语源学的事实，指向了城市作为影响历史方面的第二个层面——远不止生存的那一面，指的是神庙和剧场，而不仅仅是墙体或庇护所，它指的是个人和社会的创造性，以及人类文化的丰富性。[1]

这就与刘易斯·芒福德 (Lewis Mumford) 提出的具有前政治 (pre-political) 正确性的声明，他断言城市应当鼓励：

> 增强生活的所有维度……使人们因拥有深层的自我及更广大的世界而感觉无拘无束……城市的最佳法理就是对人类的

关爱和培育。²

　　从一个层面上来说,城市可以被视作审美和象征性的可能性的集合。建筑是人们连续活动的背景幕布。尤其是在拉丁美洲国家,城市可以被提升到剧场的高度,建筑成为发生在街道和广场的无数微小的生活戏剧的舞台场景。这是一个在纬度更北的地区尚未充分发掘的益处。

　　城市是人类成就的顶峰,导致终极审美人造物产生于实际和象征需要的结合中。产生深刻而持久满意度的城镇,证明了其最终形式中包含着成百甚至上千个单独的贡献因素,因此这最终的形式大大超越了各部分的总和。正因如此,它反映了人类心灵的复杂性,回应了在人类进化过程中编制在人类大脑程序中的一系列需求。

　　这种以城市形式进行的内在需求多样性的外化应当分开来单独考虑,如果说它们是相互作用并同时与心灵紧密联系的话。正如前文所论述的,这是因为人类的大脑能够在几个层面上平行地作出感知回应;能够对刺激作出总体回应,因为它本身就是一个整体的实体,其中没有哪个特定区域是孤岛。

　　对于心理需求的物质回应的宏大交响篇章的编写,从一个层面来说,就决定了可持续的城市。从另一个层面来说,还有生态考虑因素,这呈现了甚至更高的水准。城市的生存最终取决于它是否抹去了其作为"生态黑洞"(ecological black hole)的意象。可持续性的这第二个层面在《适应气候变化的建筑》(Architecture in a Climate of Change)一书中进行了探讨。³

原始的需求

　　成为所有我们对于城市方方面面作出反应的基础的,是由我们最早的进化单元所决定的基本生存需求,也就是所谓的内脏脑(visceral brain)[*]。通常在这个层面产生的焦虑无法达到意识层面,但是其却对情绪和行为有着深刻的影响。它们可以超越所有其他更高级的反应,因此在关于心理可持续发展的城市的讨论中,认识到这一点是非常重要的。

　　在这种语境中,城市最重要的品质之一涉及形式和地标在多大程度上促进一个人对场所和方向的定位。每个人都体验过伴随着迷路的瞬间而来的焦虑感,这是由于缺乏能够使我们进行空间定位的可识别的特征

---

* 心理学家麦克林(P.D.Maclean)于 20 世纪 40 年代末提出了"内脏脑"的概念。内脏脑所占据的中皮层部位调节着所有的感觉器官和内部器官,通过下丘脑调节内脏反应和骨骼反应。——译者注

物或线索。这有可能发生在有着迷宫一样的走道的建筑中，因为它破坏了心灵绘制地图的能力。大型的环形空间，如果缺乏能够使我们进行自身空间定位的清晰定义的出口点和特征物的话，尤其会引发紧张，照明不足的空间也是如此。

能够感知到拥有充足的光线和空气是重中之重。密不透风的导致幽闭恐惧症的空间会引发焦虑，在有些情形下尤其如此。能够感知到的光线和空气的缺乏会导致人们的担忧，不仅如此，缺乏逃生途径也同样引发焦虑。在建筑物内部，重要的是确保长时间停留的空间拥有室外视线，仅有屋顶采光是不够的。阶梯教室在这一方面尤其是易出问题的地方，特别是现在预算短缺和缺乏私人资金赞助的首创行动（private funded initiatives-PFI）情形下。无论气候控制做得多么好，在一个人员密集的、采用纯人工照明、无法明显获得室外空气的房间里呆久的人，都显示出紧张的身体信号。

在城镇景观中，这就意味着狭窄、受局限的通道，只有非常有限的天空景观，应当被更宽阔的照明更好的空间所打断，如微型广场，正如在法国的佩里格所看到的（图142）。

在这个光谱范畴的对面一端，即在过度宽敞的空间中也会体验到问题。在非常宽阔的广场上，大多数人倾向于把自己限定在广场的周边。这部分原因是由于这个地段常常是兴趣点集中点。然而，这也是因为大

图 142
在佩里格，街道扩展为微型广场

多数人都畏惧成为显眼的目标——一种原始的基于安全性的反应。广场恐惧症就像幽闭恐惧症一样，也是一种失去功能的情形。顺带说一下，在会众稀稀拉拉的教堂里，通常后部和旁边的长条凳才会有人坐，尽管教堂应当被认为是终极庇护所。

阴暗的、没有明确界定的空间也会引发对遭受袭击的恐惧，即便理智的心灵知道遭受袭击的机会是微乎其微的。但是，这是一种被印刻在心灵中的反应模式，当危险更为显见的时候可以发挥作用。这个所谓的"内脏"（gut）脑是不受推理的影响的。

现代时期为内脏脑加诸了另一个问题——那就是，城市空间在人和机动车之间展开了竞争。当城市道路转变为行人空间时，马上就可以体验到人们在身心健康方面的益处。市中心越来越被感知为行人的领域，就像维也纳的格拉本大街一样（图154）。

所有这一切似乎是再简单不过的，但是，在建筑和城市环境的设计中，重要的是应当牢记，我们的复杂的理性大脑是建立在更为原始的结构之上的，这些原始的部分负责这种自动反应，并且直达情绪中心。理性的心灵是驱力的古老集合体的仆人，而不是主人。

互补的心灵程序

在心灵进化尺度的更高一端，是经过程序编制的驱动力，这在推动人类发展方面是决定性的。在第2章，我们讨论了审美感知的基础，以及人类的心灵是如何被激发以应对面临不确定性和惊奇的挑战，以便因理解了一个更为有序的世界而获得奖励。也是这同一批驱力的集合，推动着人们去寻找参与环境的途径，尤其是与其他人类发生联系的途径。人类是社会性动物。个性的外向一面喜欢人际交往，喜欢炫耀，喜欢沉浸在更广泛的人人都参与的活动中。没有比城镇更能够容纳人性的这一层面的地方了。吸引着喧闹活动的街道和广场刺激着所有的感官，维持肾上腺素的涌动。这种冲动被潜藏的目标提示物，或者远处可以看到的一座壮观的建筑片段所加速。法国城市佩里格老城区中的广场和街道是不同种类的具有社交动力的空间明证（图174）。

在另一个层面上，存在着所谓的"团契"（Koinonic）空间。"神人之间、人与人之间的契合"（koinonia）这个希腊词语概括了伙伴关系、分享和友谊的概念。城市里的某些空间可以被赋予市民权利的象征意义。它们是人们集会、以表明对城市的忠诚、加强与同伴居民的联系的场所。

这种参与以及高度卷入的水平也不能无限维持着。人类心灵的另一面所需要的是，这类活动应当与退隐的时期相平衡。心灵的内向一面诉求的是脱离参与和反思的时期；这种被动的时间用来消化促使肾上腺素提升的活动的影响。在这个方面，城市空间也提供了答案。绿色空间在这一方面尤其有效。它既可以是亲密的，也可以是宽阔的，就像伦敦的公园那样。鲜有城市能够在绿色空间与建成空间的比率方面与伦敦相比。

　　导论式的简述就到这里；接下来是更为详细的分析。

参考文献

1　Asa Briggs，'The Environment and the City'，Paper presented at the Smithsonian Institute，Washington，DC, December 1982.

2　Lewis Mumford，*The City in History*（New York：Harcourt Brace Jovanovich，1961）.

3　Peter F.Smith，*Architecture in a Climate of Change*（Oxford：Architectural Press，2001）.

第 19 章

偶然的奖励

叙述完背景，接下来要考虑的问题就是：在前面章节中探讨的审美判断模型能否应用于更广泛的城市生活范畴？更广泛的城市环境在第 1 部分的出现是与讨论模式的本质相关联的。比例原则能否被转调到城市的高音部呢？在城市尺度，审美可能性的范围大大扩展了，尤其是因为这涉及第四个维度。运动是审美议程（aesthetic agenda）的一个重要组成部分。

尽管单体建筑可以根据某个特定的美学程式（aesthetic programme）进行设计——它们就是这样被分解从而得到认识的——从城镇中一点一滴收获的审美奖励常常是偶然遭遇到的。如果心灵被调节到能够得出下述美学发现的话，会有助于事情的发展；即 "机会垂青于有准备的心灵"。

中世纪小镇是人造混沌模式的终极表达。它们产生的愉悦在于其不可预测性。组成小镇景观的元素或许大部分都是熟悉的，但是，其吸引力在于组织起来产生独特模式的方式。它们满足了想要探索以丰富我们的城市图式的原始驱动力，与此同时，也通过训练心灵从复杂性中提取模式的能力，满足了审美需要。总之，这就是说，人们希望在街角或山峰之巅发现出乎意料的丰富性。最终的审美奖励在于发现了所有东西都融合成一个宏大构图、从周围环境中脱颖而出的那个视角。我们常常发现，存在着一个 "静止点"（still point），在这一点上，景象之内的所有力量都达到和谐的平衡；也就是说，平衡来源于张力。在之前的拙著中，我把这叫做 "关键定位"（critical fix），现在看来，这仍然是一个合适的术语。[1]

问题在于：这样一种将其从周围环境中区分出来的视角具有什么样的品质？

第一个首要条件是，该视角的所有要素都紧密结合起来，形成一个具有一致性的整体，与小镇景观所呈现的随机性、低层级（lower grade）的信息截然不同，这种城镇景观形成了邂逅的序曲。

根据格式塔理论，大脑被编制好的程序是为了寻找一致性模式，其中整体大于部分的总和。历史小镇在发现这种信息 "子整体"

（holons）*方面呈现出丰富的机遇，正如亚瑟·库斯勒（Arthur Koestler）所描述的。审美愉悦就是对这种感知成就的奖励。这样的视角呈现出高度的内在秩序性；各式各样的部分结合起来，形成一个自给自足的整体，就像交响乐曲中，在音符的流动中出现的抒情曲调。

得到这种发现的愉悦感部分在于这一事实，即找出它们是接收方的一种*创造性行动（creative act）*。它不像绘画情形中是预先包装（prepackaged）起来的。

再回到林肯小镇，这里就有一个"关键定位"，这是位于陡山街（Steep Hill）的一个视角，在这个点上，从视觉方面看，事物都归于静止状态（图143）。在下文，我们要将林肯小镇视作依照清晰的阶段划分的审美期待例子来考察。尽管这一场景具有复杂性，但是它带来了清晰的二元分析。只有两种基本范畴的信息：一方面是世俗建筑；另一方面，是位于高台上的"神庙"，标示出一种宇宙的十字路口。

住宅和商店弱化了彼此的差异，形成一个联盟，创造出一种整体信息包，来挑战大教堂。然而，尽管教堂占据的视觉场比住宅少，但是它

图143
林肯小镇和关键定位

---

* 指自身是一个整体同时又是另一个更大的整体的部分。——译者注

有着高得多的信息密度。这是由于其承载象征性的能力，正如我们在前文关于林肯大教堂塔楼的讨论中所指出的。因此，塔楼赢得了竞争，但是在仅仅足以建立优越性的范围之内。比例被放大了，因而容易识别，因为即便在这一尺度，心灵也会将场景缩减为两部分互相对比的信息，这两者是互为对照的。在这种情形中，可以认为其结果是属于斐波纳契数列范围内的（图144）。这与我们讨论过的关于林肯大教堂塔楼和中殿的对比中所引出的原则没有什么不同（见第12章）。

我们简要地重述一下，在这里使用斐波纳契概念，是为了描述我们从审美方面感知令人愉悦的比例的边界。斐波纳契数列自身内在的不精确性，容许了足够程度的模糊性，我们要记住，"眼睛"用来评估比例时能够运用的容忍度，尤其是当视觉集簇包含了城镇景观的丰富的复杂性时。斐波纳契概念包含了这一原则，即心灵倾向于将信息减少到成为二元选择，在进行审美评估的时候，倾向于下述条件，即一个要素占据

图 144

林肯小镇的对比关系：城市尺度的比例关系

主导地位，直到仍然能够维持住两个"故事主角"之间的动态张力的这一点。斐波纳契比例为这样的评估提供了一个逻辑框架。

当然，这是视觉刺激物的偶然和谐，对于其审美意义来说，依赖于"旁观者的眼睛"。（神经科学家对于使用这样的术语会感到不安，因为是大脑，而不是眼睛，才具有分析的能力。）发现这些具有偶然性的审美子整体，是参观具有丰富的复杂性的中世纪小镇的巨大奖励之一。正是因为这类场所具有的混沌特性，才有可能收获惊喜。值得重申的是，得到这样的发现本身就是一种创造性行动，此外，所谓的"眼睛"也可以被训练得能够从日常感知中提取这些具有关键性平衡的宏大构图。

在托特尼斯小镇，呼应着林肯小镇，但是，是在一个更为亲切的尺度上，因为教堂和居住建筑之间的和谐平衡点的审美准则，是在沿着Fore 街上坡的途中一个特定的点而实现的（图145）。

这样的景色如何能够被规划体制的不具敏感性而破坏殆尽，可以从特鲁罗市的例子中得到证明。一条令人愉悦的蜿蜒小街创造了教堂的前景，呼应着林肯小镇。将这同一个视角旋转180°，却证明了审美方面

图 145
德文郡的托特尼斯的 Fore 街

的草率行为，竟然允许一个多层车库破坏了市中心的精细肌理和审美整体性（图146、图147）。

　　为了取得公正的平衡，前文提到的该市的刑事法庭（图32）是新开发项目如何促进历史城市的榜样。

　　关键定位对于观看位置的敏感性可以从位于多塞特郡的基督城的一处景点得以证明（图148、图149）。在第一个视角中（图148），小修道院的塔楼主导了场景，而世俗建筑提供的平衡所呈现的复杂性不够。总的来看，视觉复杂性相对较低，留给想象的余地很少。

　　第二个视角（图149）相当程度地加快了审美的节奏（aesthetic

图 146
特鲁罗市，朝向教堂

图 147
特鲁罗市，与图 146 同样的观看位置，旋转 180°

tempo）。在市镇建筑之间有着充满活力的视觉活动，悬挂的标志和旗子使其更为生动。人行道上的咖啡店占据了主导地位。教堂的塔楼显露得不那么多，但是这仅仅是服务于增加场景的动态。我们已经讨论过，这样一种特征物是如何触碰到多种象征性琴弦，同时激活了预期感的。尽管一座特定的建筑只有一个片断显露出来，但是心灵用幻想得出了整体

图 148
多塞特郡的基督城

图 149
基督城

的理想化意象。我们可以将之描述为隐藏信息的效力，这种现象是历史城镇的主要吸引力之一，激发我们去探索的冲动。由于这种潜在的奖励，以及在其深奥的秩序中集中了象征意义的信息，使得小修道院的塔楼成功地平衡了世俗建筑的零乱。

总而言之，宏大的视角是城市能够提供的审美奖励这个完整体系的一个片断；是时候画上句号了。

参考文献

1 Peter F.Smith，*Architecture and the Principle of Harmony*（London：RIBA Publications，1987）．

第 20 章

街道

　　期待前方的奖励，以及随后目标的实现，是审美奖励这一主题的变体。在前文我们提到，发现一个问题，然后达成解决，产生了情感的满足，这与审美愉悦是不相上下的。在城市环境中，街道常常是这种审美满足（aesthetic satisfaction）模式的载体。

　　街道是视觉的传送带：运动中的混沌模式。它远不仅仅是人际交流的一种方式。处在最佳状态时，它具有审美丰富性和情绪激发性，与此同时，在代表人类活动的聚集地的同时提供围合与保护。

　　有些街道逐渐演变成仪式性"散步大道"（ambulatories），人们一次次地在这条路穿行。它也是一种展示形式，同时也创造了撞见或约见朋友的机会。这种街道也是在城市中与更广泛的社会认同和表达共同自豪感的一种方式。或许最著名的*散步道 (paseo)* 就是巴塞罗那的兰布拉大道（La Rambla）（图 150）。

　　在西班牙可以与之媲美的是布尔戈斯（Burgos）的散步道，其高潮在壮观的城门——圣母玛利亚拱门处。街道两边种植着树木，覆盖着粉

图 150
巴塞罗那的兰布拉大道

图 151
布尔戈斯的散步道

红色和白色相间的铺地材料。在中间距离处，街道开敞出来，提供了观
赏大教堂的壮观视角（图 151）。

目的论的驱动力

发现目标、然后实现目标的驱动力是根植于深处的人类先见，有助
于说明在这种奖励方面具有丰富性的老城镇广受欢迎的原因。

(a)

(b)

图 152

鲁昂的大钟街

　　在欧洲保存最完好的中世纪街道是法国鲁昂的大钟街（Rue Gros
Horloge）（图 152a 和图 152b），它将贞德教堂（Jean d´Arc）前集
市广场的声望与大教堂联系起来。从东边往西边走，视线被拱门打断，
拱门上有一面富丽堂皇的大钟，这条街道由此得名。它提供了围合的
功能，以及一个中间目标，将整个路程进行了划分，用从戈登·卡伦的
话来说，在"此处性"（hereness）和"彼处性"（thereness）之间产
生了张力。拱门将街道进行了分割，由此设定了景框，赋予这一段距
离以某种特定的神奇属性。在这里，从一开始，大教堂从远处就呈现
出主导性地位，其精美的透空铸铁塔尖宣告了这一地位。一旦穿过拱门，
微微蜿蜒的街道成为教堂雄伟塔楼的景框，教堂顶部有着精美的八角
形灯塔。然后，出乎意料，一条小街朝左边开敞出来，呈现出壮观的
中世纪晚期大厦的景观。

这条街道最终将大教堂的全景呈现出来，这是欧洲的伟大哥特式建筑之一。

大钟街所具有的心理意义的丰富性在于这一事实，即它以商店和咖啡馆提供了街道层面的兴趣多样性——短焦点的吸引物。与此同时，从集市广场开始，在穿越这一路径的过程中，拱门和教堂的远处呈现产生了目的论的拉动力，一种"此处"与"彼处"之间栩栩如生的对立，使之成为在欧洲任何一座城市中所能发现的最具奖励性的城市体验之一。

在更为亲切的尺度中运用同样原理的例子，可以在德文郡的托特尼斯小镇看到，这是英国保存最好的中世纪小镇。这个小镇不同于鲁昂之处在于，这是一座山城，因此其主要街道，开始于横跨在达特河上的桥，陡峭地攀升到东城门(Eastgate)，这是连接着城墙的一座都铎式城门，拱门的上部通常带有市政厅（Guildhall）建筑，在这个例子中是*小钟楼*（*petite horloge*）（图153）。通往拱门的道路上，展现出这个小镇教堂砂岩砌成的塔楼——这是一座小型教堂，以及旅程的高潮（图145）——

图 153

德文郡的托特尼斯的都铎式城门

尽管看不到全貌。离开教堂，在右侧是一座环形城堡，带有这种风格所呈现的独特的古典式护堤和外墙。

在维也纳的格拉本大街（图154），街道扩展成为史蒂芬广场，广场由一座教堂主导着,其名称由此而来。使这条街道如此值得记忆的是,从格拉本大街转换到广场的过程，被看上去不协调的当代建筑——哈斯屋所强调，在前文中提到过这座多功能建筑。该建筑从格拉本大街开始，逐渐从实体墙面转为玻璃幕墙，为圣史蒂芬教堂的哥特式的奇异瑰丽提供了镜面反射。最后的花腔是一个玻璃鼓状物，这是一个公共空间,展现了观赏史蒂芬广场的壮观视角。与此同时,在干净利落的、"高技的"、"没有重量的"哈斯屋建筑与带有令人眼花缭乱的色彩丰富的屋顶的大教堂之间形成了对比，这是对立面之间充满戏剧性的交锋（图155）。

这种主题有许多变体。在布拉格，从东边沿着一条不那么知名的街道走向老城广场（Old Town Square），泰恩圣母教堂（Our Lady Before Tyn）的双塔出现在中殿陡峭的斜屋顶和邻接建筑的上方，产生了一种令人兴奋的承载着希望的感觉（图156）。这就是具有动力的城市生活的最佳状态，因为这一广场的实际状况超过了所有的预期。

这种原则一次又一次地在中世纪城镇里提升了审美热度（aesthetic

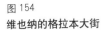

图 154
维也纳的格拉本大街

图 155

维也纳，从格拉本大街看圣史蒂芬广场

temperature）——例如，能够取代布拉格的城市，是法国的科尔马（图157）。

在英格兰，最值得一游的游览路径之一可以在林肯小镇看到。它起始于主街，被一座都铎式城门一分为二，同时标示出中世纪城墙（图158）。大教堂的西侧塔楼正好出现在城垛上方，产生了拉动力的第一次蓄积。

一旦穿越城门，人们就处在"境内"；也就是说，安全的区域。这从理性的角度来说恐怕是不相干的，但是原型信息是不受时间累积和推理的影响的。我们现在身处城市空间等级性的一个不同水平上。随着

图 156

布拉格的泰恩圣母教堂

图 157

法国阿尔萨斯的科尔马

向北一路而上，教堂的双塔成为沿着陡山街向上的通往修道院狭窄蜿蜒的路径的视觉焦点；当你通过陡山街时，大教堂在你眼前渐次展开（图159）。

　　继续前行，向上朝着大教堂方向走，走过前文提到的"关键定位"点，走过罗马风建筑风格的犹太人之家（Jew´s House），这条路径在金库门（Exchequer Gate）达到高潮，这标示出教堂寺院的防御性边界。在这里面，就是英格兰最优美的中世纪建筑，尽管西侧立面的构图方面存在缺陷。从主街开始的旅程，随着跨过修道院中殿的门槛，现在进入了一个更高的平面。总体来说，英国的教堂比欧洲的同类教堂更为线性展开。接着，这条路径提升了象征性节奏，穿过高坛屏风，进入唱诗班席位，结束在主祭坛，但是，不仅于此。英格兰的教堂通常都结束于巨大的东侧高窗，在这种极尽华美所能的装饰方面，几乎没有能够与天使诗

图 158
林肯小镇，都铎式城门

(a)

(b)

图 159
林肯小镇，形成高潮的上坡路

班席（Angel Choir）媲美的，这意味着祭坛并不代表终点，而是起点（图160）。

通往大教堂的道路的重要性，通过对约克修道院的一幅历史画面和现在的情形进行对比，就可以认识清楚。直到 150 年以前，由于市镇建筑的遮挡，仅仅是部分地展现出教堂的西立面。通往修道院的道路变窄，成为一条叫做小布莱克（Little Blake）街的小巷，强化了对终极目标的体验（图 161）。在 19 世纪中叶，"令人讨厌的"建筑被拆除了，道路被拓宽到现在的形式。大多数评论家都将这描述为一种改进，但是，是这样的吗？现在从很远的地方就可以看到整个西立面。这座天堂的宫殿与朴素的住宅建筑之间的对比已经消失殆尽；对于最终爆炸性的揭示这一前景所存有的预期而带来的愉悦感也丧失了（图162）。

最终，18 和 19 世纪将街道作为传递英雄气概这类信息的工具的潜力发挥到极致。对英国来说，这可以由从海军拱门（Admiralty Arch）延伸到白金汉宫的林荫大道得到证明。这是充满了象征信息的城市规划。

图 160
林肯大教堂的东窗，天使诗班席

图 161

处于中世纪街道型制中的约克修道院

图 162
通往约克修道院的道路

图 163
伦敦的林荫大道，带有象征的含义

图 164
伦敦，从圣詹姆斯公园看政府办公楼

英联邦的旗帜成为国家地位的缩影，在这个案例中，得到了皇宫的强化，这是历史价值和社会等级面貌的象征，莎士比亚所说的"存在的链条"(chain of being) 的最后一丝痕迹（图 163）。

沿着林荫大道是圣詹姆士公园。一片水面连接着两个历史上的权力中心：皇权和行政管理。从湖面的桥上，有一个视角，可以看到政府办公楼的塔尖和小尖顶（图 164）。

最后一点，缩小为越来越幽暗的空间有着强烈的心理含义。卡伦对这一点采用的术语是"The Mawe"*。[1] 如果接下来有着可以获得奖励的目标的前景，心理承受力（psychological charge）就会增加。从某种意义上来说，这是一种对于原型的加入宗教组织的庆典的城市表征，凭借这种方式，新近皈依宗教的人交付给某种类似于死亡的仪式，以便上升到生命的更高形式：穿越黑暗到达光明。这类信息目前已经很少会上升到意识层面了，但是，它们是我们自原始社会传承而来的一部分，这是不能被抹去的，我们在下文将讨论这一点。即便是在乡村小镇亲切宜人的小角落，也包含这种象征性（图 165）。

---

* 指黑暗而凶险的场所，暗示着危险。——译者根据作者解释注

图 165
赫里福德和伍斯特郡的伊夫舍姆

参考文献

1 Gordon Cullen，*Townscape*（Oxford：Architectural Press，1960）.

第 21 章

广场

如果说街道是动态的，那么，广场就是静态的；这是一种节点空间，旨在鼓励停留与社会交往。在古典时期和中世纪，公民身份是一种特权，而不是权利。因此，人们将其所在的城市理解为代表了整个社会的超级意象（super-image）。这就是为什么大多数历史城市都有一个空间，使居民在庆典或危机时自然而然地聚拢在一起。尽管特拉法加广场是伦敦最大的转盘式交叉路口，但是它被公认为归属于这样的角色。纳尔逊纪念柱以及侧面的勒琴斯（Lutyens）设计的狮子雕塑的象征性所具有的吸引力，很好地说明了这一地位。我们寄希望于目前的交通改道能够使这一空间充分实现其潜力。

意大利人对于城市设计的造诣在广场方面得到了最极致的表达。这不仅是一个表达市民自豪感的场所，而且也是城市内家族和派系之间上演竞争好戏的地方。没有什么地方比意大利的锡耶纳（图 166）更能展现这一特点的了，在这里，向死亡挑战的赛马节（Palio）是决定冠军派系——维持到下一次挑战——的方式。然而，正是这种建筑及其围合的空间所展现的魔力，才将田园广场（Piazza del Campo）挑选出来代表城市卓越性的巅峰。

即便或许这是世界上最著名的广场，也值得探究为什么它如此广受赞誉。是因为该广场是混沌模式的体现吗？当然其平面是不规则的；边界也是凹凸不平的；周边建筑在高度和宽度方面不尽相同，但是所有这些变化都是在某种界限之内，这种界限所揭示的是秩序和模式，而不是随意性。所有的窗户尺寸和比例大致相当，墙面对窗户的比例接近足够恒定。形式的多样化通过在锡耶纳占主导地位的砖砌建筑的红色统一为整体。建筑总高度对于广场的大小来说是适宜的——围合但不损害这一地区的宽敞感觉。周围建筑不仅在比例方面适应该空间的尺度，而且它们与哥特式市政厅（Palazzo Publicco）建立了绝妙的和谐关系，市政厅带有优雅的钟楼，上面仍然保留着一面大钟。

尽管占据主导地位，并且拥有强大的城市象征意义，但是，市政厅和钟楼服从于广场的有机整体。它们是占主导的，但不是专横傲慢的；这是在宏大尺度上的 φ 原则。这种壮观的空间效果被下述

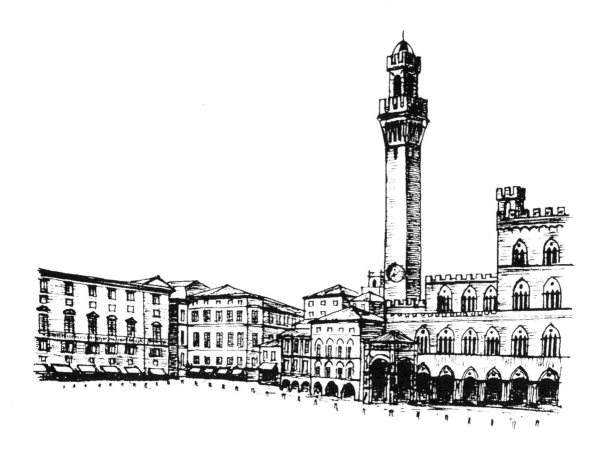

图 166
锡耶纳的田园广场

事实所强化，即通往广场的道路的局限性使得从黑暗到光明的渐进过程呈现的戏剧性达到最大化，这种光芒似乎是上帝给予意大利的特殊礼物。

但是这份引人注目的要素的清单还不尽全面。尽管这个广场显然是一个"此处性"空间，但是出现在屋顶上方的大教堂穹顶和大理石钟楼静静地施加着磁铁般的吸引力，最终变得不可抗拒。短短的上坡路在发现了教堂的西立面之后，就得到了丰厚的奖励，这是意大利所有教堂中最漂亮的西立面之一，唯一能与之匹敌的只有奥维多大教堂（Orvieto）（参见 Smith 1974，p.67）。

ϕ 主题的一个变式可以在许多意大利城市中的大小广场组合连接中看到。如果我们指出城市平面的有些特征可以遵从审美分析，这是否会引起争议呢？

组合广场的杰出例子可以在威尼斯看到（图167）。圣马可广场旋转了90°，成为小广场（Piazzetta），朝向水道和帕拉第奥设计的圣母玛利亚大教堂（S.Maria Maggiore）开敞。主广场是围合起来的，焦点在于圣马可教堂。巨大的独立式钟楼的作用是作为转折点，连接着两个空间，打破了城市压抑的气氛。值得注意的是，圣马可广场的南立面整体

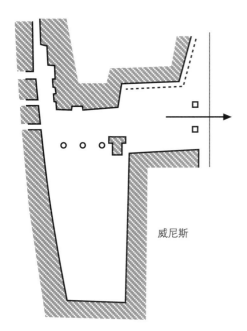

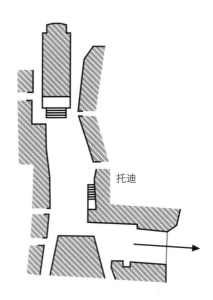

图 167
威尼斯和托迪的组合广场

向南移动了数米，以便与钟楼分开，使其具有独立性。这是一个具有审美价值的决定，大大强化了这一处空间的戏剧。

ϕ 原则是怎么运用的呢？我们要提醒自己去考虑"信息"的量，而不是数学计算。在这里，从更宏大的尺度来看，有两个不同的但连接在一起的城市空间，一个处于主导地位，一个处于次要地位，但是，彼此以空间的连续统一体联系起来，创造了一个更高级的模式。较小的广场，尽管在两者之中显得小得多，但是仍然是一个有力量的空间，因为两侧是总督府（Doge´s Palace）。其性格是不同的，尽端开敞，提供了无与伦比的视线。正因如此，它与主广场形成了非同小可的竞争，主广场以恰好的差异最终胜出，再次证明了类似 ϕ 的原则。

同样的布局也出现在翁布里亚地区的小镇托迪。主广场叫做人民广场（Piazza del Popolo），容纳着大教堂和市政厅。这两座建筑都需要通过宽敞的台阶才能到达。支撑着公共建筑的拱门允许空间从大广场流动到小广场。小广场围绕着加里波第将军的雕像，但是最终的吸引力在于它提供的俯瞰翁布里亚平原的开敞视野；这与威尼斯的布局如出一辙。

在圣吉米利亚诺，一个开放的敞廊将大小广场连接起来。在这里，不同之处在于较小的广场完全是围合起来的，一侧连接着一个舞台，舞台由巨大的台口所限定——剧场中的剧场。

遗憾的是，英国在开发城市空间潜力方面没有值得艳羡的记录。前几个世纪一度轰轰烈烈的创建城市广场的艺术，现在依稀可辨的只有交通、快速路径体制下（fast-track）*的商业建筑以及慢性神经缺损所带来的影响。伦敦的特拉法加广场两度遭遇后者所造成的严重后果。第一次是国家美术馆扩建项目，这个获奖作品成为皇家猛烈抨击的牺牲品。这个无伤大雅的折中设计现在几乎隐身不见。第二次是与河滨马路交接处的一座办公楼被拆除，然后重建为最初的常规新古典式商业建筑的复制品。

对广场的武断视觉入侵的实景教学课，可以由位于利滋的女王广场（Queen's Square）的诺维奇联盟大厦（Norwich Union）来提供（图168）。它不是屈从于广场而改变自身，而是以环形的形状插入到广场内：企业骄傲自大的一个侵略性声明。

然而，在英国，事情不都是负面的。在伦敦城，有一个引人入胜的

图 168
位于利滋的女王广场的诺维奇
联盟大厦

---

* 发展商利用自己的设计部门承担设计，也叫做 Design—build。好处是设计周期短，
  开发可以同时进行；缺点是设计变成了大批量生产，没有很多可供设计师发挥的
  余地。——译者注

图 169
伦敦的百老门

成功项目，是由阿鲁普联合事务所进行总体规划的一系列广场，场地位于利物浦街地铁站附近。正因如此，它构成了一条主要的行人路经。广场通过半成熟的树木进行景观处理，提供了一系列户外活动。在百老门广场中心（图 169），可以用作音乐会、展览以及露天剧场。在冬季，可以转变成溜冰场。在这个案例中，这一切归功于作为规划者和建筑师的阿鲁普联合事务所，以及罗塞豪夫·斯坦霍普（Rosehaugh Stanhope）开发公司，他们设定了开明的商业开发标准。

在地方上，在设菲尔德市中心的和平公园改造项目（图 170）是又一个成功的故事。即便整个开发区还是一片工地，但是，它已经在这个忙于彻底改造自身的城市中提供了一个相当成功的案例，最初这一改造由千禧展览馆（Millennium Galleries）和壮观的冬季花园（Winter Gardens）项目吹响了号角。

从城市尺度转移到乡村的乡土建筑，"场所性"（placeness）的品质在用有限的建筑创造出村庄中心广场的案例中可以明显地看到，例如法国朗格多克的埃罗地区的 Quarante（图 171）。这是地方语汇的雄辩证明：建筑形式的混杂搭配，在从金色石材折射出的地中海光线中，几乎呈现出彩虹般的色彩。这里有一种简单的美，触及集体原型深处的某个神经。

上帝、财富和大脑边缘区

图 170
设菲尔德的和平公园

　　教会与贸易之间的关联有着悠久的传统。在中世纪，教堂中殿常常容纳着集市摊子，还有着贩卖葡萄酒的商贩因交易声太吵闹而被逐出沙特尔大教堂中殿的记录。这一传统延续着，即便是在教堂的外面，尽管里彭大教堂（Ripon Cathedral）就在几年前还被颁发了酿造自产啤酒的许可证，但是，只能在教堂地界内饮用。

　　不论集市广场常常比邻大教堂这一点是否纯属巧合，现实情况是，这种神圣和世俗的伙伴关系是使人安心的。就好像是教会在仁慈地照看着这些过程，甚至认可它们。或许商贩在上帝的眼皮底下不那么倾向于不诚实。

　　然而，这种对立面之间的伙伴关系所具有的象征意义渗透到更深的层面。最优美的英格兰科茨沃尔德丘陵地区的小镇之一是赛伦塞斯特（图 172）。其主街在壮观的教堂对面扩展成一个广场，教堂有着装饰丰富的塔楼和引人注目的晚期哥特式门廊。优雅的世俗建筑象征着现世的存在，而教堂则代表着超验的维度。这是一种大合唱，在数个层面上传递了根深蒂固的安全信号。我们并不会将这些事情理性化，

图 171
朗格多克的埃罗地区的 Quarante
的村庄广场

图 172
赛伦塞斯特的集市广场

但是它们记录在情绪的前理性层面，这在消除疑虑和恐惧的感受中是显而易见的。

在集市日，这个场所改头换面，提供了丰富多样的饮食刺激物，加上人群中潜意识里的消除恐惧感。它概括了存在的现实一面：生存的日常营生，以及世俗建筑所表达的整个生命周期——这些由超越坟墓的表达着希望的建筑所掌管（图173）。

在第16章，我提到了一种价值系统，它来源于大脑更为原始的结构，独立操作着审美感知。在大脑边缘系统之内，存在着对这一现象的欲望——明亮的原色、闪闪发亮的东西、强烈的有规律的节奏以及超人尺度的物体，这一切有着强大的影响力。受过教育的21世纪的心灵在

图 173
集市日的赛伦塞斯特

发现帕提农神庙的雕带曾经装饰着艳丽的色彩，以及中世纪早期的教堂具有极其丰富的色彩，旨在浸淫人们的感官时，感到十分震惊。我们已经注意到，这种文化渊源是如何在梅尔克修道院的巴洛克奢华装饰中达到完美境界的（图125）。

这种寻求浸淫感官的刺激的欲望远非过去的历史，正如拜访一次拉斯韦加斯就可以证明。今天，这个精神需求的区域在狂欢节、宗教节日、展销会和集市中找到了表达。正如我们所指出的，一个场所的节奏在集市日加快了，而且当一座城市身着狂欢节的盛装时，节奏还会进一步提高，正如佩里格在七月的样子（图174）。

即便是"高技派"建筑最先进的案例所采用的那些精密制造的、高度抛光的面层材料，也从这种隐秘的价值系统中衍生出一些吸引力。外

图174
2001年7月的佩里格，狂欢节模式

表采用"平板"玻璃的办公塔楼，省掉外窗框，在白天强烈反射着光线，到夜晚则流光溢彩，也触发了这一原始层面的情绪。毫无疑问，这一机制也对毕尔巴鄂的古根海姆博物馆采用的钛金属面层的流行发挥着作用（图93）。钛金属正在成为 21 世纪的材料选择——毋庸置疑是大脑边缘区的触发，假使曾经存在这样的触发的话。

　　希望参与情绪全光谱的城市，应当对这种表达层面给予应有的注意。恣意纵横一定有其地位；从高格调的高尚氛围中偶尔为之的"过度"（over-the-top）逃离也有一席之地。

第 22 章

遭遇古老的众神

与原型意象共鸣

我偶尔曾经提到原型象征的概念。让我对这一点进行扩展。目前相当时髦的话题是城镇如何才能可持续发展，尤其是在全球变暖和气候变化的大环境之下。从历史的角度看，可持续发展的城市是一座能够给居民提供生活必需品的城市，这种必需品的范畴涵盖了生活的基本配备，例如可获取的淡水和到达物产丰富的物资供应地的途径，以及象征性事物，而这甚至比实际物质的考虑还要重要。决定场所的可持久性的一个主要因素在于，在多大程度上它是情感的吸引力量——也就是说，其空间和建筑在心灵的最深层面产生了共振，这一层面实际上就是原型层面。

这与本书的主旨是相关的，因为正如我们在前文提到关于教堂塔楼时，象征性联想也能对某个建筑特征的审美意义增添可观的分量。它可以影响着尺度，正如从陡山街看到上方的林肯大教堂的情形中所揭示的。

我们的情感为什么会被某些场所打动，而却不能被另一些场所打动呢？在第一眼看到帕提农神庙高高矗立在雅典卫城上，或者远远看到法国北部矗立于周边平原上的沙特尔大教堂的时候，是什么激起了我们的情感涌动？或者当我们看到意大利的阿西尼城在远处涌入视野，其粉红色的石材突然从山脚的背景中生动地跳出来的时候，是什么引起了我们肾上腺素的潮涌？在体验这些景色的时候，并没有任何明显的生存优势，正如我们在保存完好的中世纪小镇中信步所带来的愉悦，与增进我们的适应能力并无直接关联。事实是，这里存在着情绪体验的整体领域，似乎都可以回溯到人类与自然环境之间的前理性关系中。这就是原型象征所包含的一切——"本原"（arche），也就是起点。

C·G·荣格（C.G.Jung）是第一个假定了原型学说的人：

很久以前死去的人的时代和看法，作为我们的反应和倾

向系统（systems of reaction and disposition）而继续存在着，这以一种看不见、然而却更加有效的方式决定着生活。[1]

荣格继续发展这一理论，他认为，存在着为数不多的成套的基本象征，可以认为它们使原始人类能够去面对关于生和死的最深刻体验，这些象征在一定程度上继续存在于大脑的更为原始的层面。他得出结论说，不仅仅在个别的人之间，而且在不同的文化之间，在这些象征的表达方面都有着高度的一致性。

在 20 世纪 60 年代，心理学家保罗·麦克莱恩（Paul MacLean）对这一理论作出了贡献，他认为：

> 尽管内脏脑永远都不会渴求将红色感知为三个字母组成的单词，或者光波的特定波长，但是它可以将这一色彩从象征性的角度联系到很多事物，例如血、昏厥、战争……[2]

我们还应当加上"火"，作为最具象征意义的"红"（redness）。

约翰·巴罗（John Barrow）是苏塞克斯大学的天文学教授，他在其著作《巧妙的宇宙》（Artful Universe）中声称：

> 我们有着本能和习性，它们微妙地证明了我们自身所处环境的普遍性，而且我们的遥远祖先……宇宙的结构，其法则、环境、天体的外观，都将其自身印刻在我们的思想、我们的审美偏好、我们关于事物属性的观点中……在某些情况下，我们的习性作为我们对情境适应的副产品而浮现出来，这样的情境已经不再对我们构成挑战，那些适应措施就跟随我们，常常以改头换面的形式，作为过去的存在的生动证据。[3]

这一观点似乎支持了如下的理念，即某些大脑程序在出生时就已经内置好（wired-in），正如前文所述。发展心理学家已经揭示出，新生儿有着天生的辨认脸部特征的能力，而且这有着强烈的情感关联。在荣格学派的阵营里，这一概念被延伸到包括某些几何图形，例如曼陀罗，或者圆形中间的十字，在完全不同的文化中，这些都被认为有着深刻的象征意义，而这些文化之间从没有过任何实质性的联系。我们可以认为，这些原型象征是使得人类具有客观意识的巨大进展。通过回溯来自过去的证据，而将心灵投射到未来的能力，有着巨大的益处，但是也带来了不利后果：意识到死亡的无可避免性。原型象征的发展是作为一种使得新生的人类能够与终极现实——出生、繁殖和死亡——达成妥协的方式。根据荣格的观点，这种象征性情感共鸣的底层，据称就存在于"集体无意识"（collective unconscious）之中。

另一位荣格学派的作者海因里希·齐默尔（Heinrich Zimmer）加上了他的强调：

> 远古人类的精神遗产（曾经指导着他的意识生活的仪式和神化）在很大程度上已经从可以触摸的意识领域消失了，然而在无意识的地下层遗存下来，并持续地呈现出来。[4]

在城市中，最具有情感共鸣的原型指示物就是神圣的中心（sacred centre）。人类学家米尔恰·伊利亚德（Mircea Eliade）得出结论说：

> 每一个微宇宙，每一个有人居住的地区，都有着或许可以叫做"中心"的场所；也就是说，一个比一切都神圣的场所。就是在那里，在这样一个中心，神圣的事物以其总体彰显自身。[5]

他继续论述道：

> 这就是众神出入之门……天堂、人间和地狱这三个宇宙区域的交会。[6]

作为字面意思的例子，"巴比伦"这个名称就来源于 Bab-ilani——一座"众神之门"。在谈到闪族的伟大城市时，西比尔·莫霍伊·纳吉（Sybil Moholy Nagy）曾经这样写道：

> 他们这种特殊的、对城市虔诚的烙印包含着这样的主张，即已经创建了等同于星系的微宇宙。古巴比伦金字形神塔的建造……在地球和天空的死点（dead centre）设立了一个城市状态……处在宇宙中心的人类并不是一个地理上的事实，而是一个[象征性]的真理。[7]

所有这一切听上去似乎都是古老而原始的，然而谁又能否认突然看见远处一座城市所引发的情绪潮涌，尤其是如果这座城市占据着高地，或者从壮观的山地景观之中脱颖而出的话。理想中的城市，即圣城新耶路撒冷，就是一个已经证明能够抵御时间侵蚀的意象。

核心的问题在于：早期世代的态度是否有可能在基因内进行编码，从而形成了当今的"态度和倾向系统"（systems of attitude and disposition）呢？经过一代又一代传承下来的后成手册能否凭借经验逐渐发生改变呢？这就是爱德华·威尔逊的言论背后所蕴含的意义：

影响着人类大脑的后成法则根据旧石器人类在环境中的需求而塑造着基因的演化。[8]

同样：

在进化的过程中，生存和繁殖的动物本能被转变为人性的后成遗传算法（epigenetic algorithms）。[9]

常规判断认为，后成指南手册（epigenetic instruction manual）在从一代传承到下一代时，是固定不变。现在有越来越多的证据支持这一观点，即这一指南中的变化有时可以从母代传递到子代。甚至有观点提出，这是对达尔文物竞天择论的一种快速通道（fast-track）版本，使动物能够迅速得多地适应其环境。

正是"动物的生存本能"导致了一系列基本象征的形成，这些象征的作用既在于将这些原始的生活需求外化，也提供了一个接近众神的渠道，以便在面临生存威胁时，支撑起人类的虚弱感。旨在使人类更易于转生往世的象征证据，可以回溯到 5 万年前的旧石器时代中期，我们可以看到这个时期的丧葬以及坟墓中所包含的象征性物品。大约在 4 万年以前，南欧地区的岩洞中出现了大量的象征性艺术。

通过数千年的文化印刻，这些模糊的象征图案或许已经结合到各种文化的基因说明书（genetic instruction manual）中，从而对于人类的共同需求有着类似的回应。关于长期记忆如何印刻在大脑中的一项最近的理论，可能支持这一假设。正统观点认为，长期记忆是通过细胞之间产生染色体结合而铸成的。它们随着个体的死亡而消失。最近的科学家已经思考某种难以置信的论点，也就是说，长期记忆有可能涉及大脑中 DNA 的改变。总之，免疫系统就是一种分子水平的永久记忆形式。加利福尼亚大学的科学家已经提出，人类有可能创造类似基因的用来记载和修复记忆的代码。[10] 谁能知道这对于代际间传递可能具有的潜在意义呢？

据称，原型象征的特征之一就是，它们是模棱两可的。水曾经是最持久的原型象征之一，因为，根据圣经、古兰经和埃及神话，水是生命诞生的媒介，与出生和其后的生存密切相关。与此同时，当呈现出洪水这一部分时，水也是死亡的机制，正如在大洪水的神话中所言。顺便说一下，我们必须提到，最近的证据表明，黑海曾经是被陆地包围的，略微低于博斯布鲁斯海峡。有考古学和地形学方面的证据表明，当这两片海域之间的屏障崩塌的时候，数百平方英里区域曾经遭受没顶之灾——一个将洪水注入该地区的集体记忆中的很完美的理由。在巴比伦神话中，水被拟人化为邪恶的女神雌龙魔，她与马杜克发生了一场宇宙大战，后者是一位神圣的英雄，最终取得了胜利。大多数古代文化都有自己的海中怪物、巨兽或者怪兽；我们英国人有尼斯湖怪兽也就知足了。

在早期的宗教仪式中，完全浸没在水里作为一种入会仪式，象征着死亡和重生。刚皈依宗教的人由此返回死而复生的、彻底改变的土地上。心理学家艾里希·弗洛姆（Erich Fromm）将之描述为"一种古老的、全世界都采用的象征……即开始一种新的生存形式……放弃一种生命的形式，而转向另一种"。[11]

当我们在城市环境中突然遇到水的时候，有没有可能与这些古老的信仰发生共振呢？还有什么能够解释有着几乎无穷无尽形状和尺寸的喷泉之所以广受欢迎的原因呢？在伦敦，建造于18世纪的萨默塞特宫（Somerset House）（图175）最近开放为公众使用，其内庭院装饰以或许是一座建成的、规模最大的喷泉。这是一个在炎热的季节公众参与的场所。

即便走过一座桥的路径也是一种站在安全位置、戏弄水的黑暗力量的形式。这就是崇高的一个例子：面临危险，然而并不身处危险之*中*。任何对于桥的特殊吸引力的怀疑，可以被在夏季走过布拉格的查理大桥

图175
伦敦萨默塞特宫的内庭院

图 176
布拉格的查理大桥

(Charles Bridge) 的企图所驱散（图 176）。

　　另一种符合双极化城市体验的情形是建筑与船只之间的对应，没有任何地方能够像哥本哈根新港（Nyhavn）的例子更能够证明这一点的了（图 177）。当船只和建筑聚集在一起的时候，是静态与动态的结合；船只承载着远方的意象，同时也代表着面对海中巨兽挑战的主题的变体。

　　尽管卡尔·古斯塔夫·荣格（Carl Gustav Jung）是基于他的病人所报告的梦，得出集体无意识中的原型这一理论的，或者说是在假设的基础上揭示出的，然而，这在当时是最接近科学证据的。现在，新的理论

图 177
哥本哈根的新港

正在出现，能够对他所坚信的集体无意识提供更为坚实的科学支持，即对于与存在焦虑相关的一套特定的视觉刺激，人类有着基本的回应模式清单。正因如此，它们有可能的确以"反应和倾向系统的方式继续存在着"，这对于情绪和行为有着深远的影响。与此同时，它们将无可避免地影响着审美感知，对于城市中诸如塔、穹顶和空间剧场这样的要素赋予情感的分量。

我们或许已经失去了与以各种面目出现的众神的亲密而迷信的关系，但是经验确证了一点，即建立了这种原型联系的象征符号，可以从很大程度上解释历史城镇的情感吸引力。

因此，我们应当认真对待城市的象征性维度，并且牢记，我们祖先所拥有的焦虑和愿望仍旧鲜活地存在着，即便它们可能被国民健康保险制度支撑的自信外表所掩盖。我们还应当记住，象征性也可能以负面的方式影响着审美反应。对一个人来说，位于法国索米尔小镇山顶、像堡垒一样的庄园是"风景如画的"（图178）；对另一个人来说，这是一种军事贵族对平民实施暴政的象征，正因如此，破坏了审美的结果。

图178
卢瓦尔河畔的索米尔小镇

心灵与城市之间的终极交流

　　原型意象和审美影响力（aesthetic impact）之间的交相辉映有着创造出和谐的终极证明的潜力。

　　英国保存最完好的历史城市是约克，城市里仍然拥有大量的罗马遗迹。从某一个视角来看，罗马城门、布斯曼登城口（Bootham Bar）与大教堂重叠起来，形成城门与俗世城市，以及城门与永恒的城市之间的对应（图179）。大教堂的西立面代表了城门序列的顶点。早期的例子，如巴黎的圣但尼教堂（St Denis）的西立面，几乎是罗马城门的更为仪式化的忠实复制品，正如在德国特里尔仍然可以看到的那样。象征手法是显而易见的，正如教堂被感知为提供了一个来世的城市——圣城新耶路撒冷的预示。

　　约克的两个城门在风格上大异其趣，但是在许多层面上达到了同韵。罗马城门的三重拱券以哥特式外衣在大教堂上得到再现；防御性的角楼被抬高成为大教堂的西立面双塔。西立面与城门的一脉相承，体现在中殿的山墙和塔楼顶部透空的雉堞墙上。这是一个真正充满活力的伙伴关系，概括了人类对于现世安全的渴望，以及消除对来世的疑虑。雕像坐落其中的方式，暗示其也得出了同样的结论。从世俗城镇的繁忙喧闹中出现的教堂意象，包含着天国的原型主题，有望成为信徒的归宿。

图 179

约克的布斯曼登城口

我们曾经提到，水是最有力的原型媒介。最能够引起普遍共鸣的伙伴关系就发生在建筑与水之间。或许这类场所的吸引力部分在于这一事实，即这种联盟激活了象征性的最深层，所以像威尼斯、阿姆斯特丹和比利时的布鲁日这样的城市拥有的水大大超过其生活所需，它们现在成为最吸引游客的城市，绝不是巧合。荣格学派的学者会说，这是因为它们拨动了原型的琴弦。或许当教堂、世俗城市以及水结合成为一个平衡的构图时，这根琴弦发出的声音是最具有共鸣效果的，因为这种情形包含了人类的各种状态，从出生之水，经过俗世的存在，直到来世的希望。布拉格诠释了这一切。我们看到，从体量巨大的赫拉德恰尼城堡（Hradcany Castle）的侧翼上方升起的圣维特教堂（Cathedral of St Vitus），以及马拉圣纳（Mala Strana）（小城区）的住宅，伏尔塔瓦河的流水进一步强化了这一景象，它们决不会不引发任何情感反应（图180）。

　　这种象征性交响篇章的最优美的英国化版本，就是从布雷福德河（Brayford Pool）对岸看林肯大教堂的景象，这是一片由罗马人开发的港口（图181）。

图 180
布拉格的圣维特教堂

图 181
从布雷福德河对岸看林肯大教堂

在法国西南部，望向贝济耶的视角提供了同样的元素组合，同时增加了桥这一元素（图 182）。

当美与基本象征性合在一起的时候，人类情感的全领域都被激发出来。在沙特尔大教堂的东南边某个位置，有着绝妙的景色，其中包含了一条河流和其上的桥，一条蜿蜒而上的街道，两侧是中世纪的住宅，在顶点，是所有哥特式教堂中最伟大的一座——维京大教堂（Cathedral of the Virgin）及其不对称的尖顶（图 183）。

一个类似的、各种要素的原型 / 审美组合可以在法国多尔多涅省西部的佩里格市找到。在这里，所有象征性组成要素在建造于 12 世纪的圣弗龙大教堂（St Front）的杰出穹顶中达到了高潮，这座教堂是第一

图 182
朗格多克省的贝济耶

图 183
沙特尔市，大教堂和小镇

图 184
佩里格的圣弗龙大教堂

次十字军东征的一个较好的结果(图 184)。拜占庭和伊斯兰风格的结合，形成了基督教世界最壮观的教堂之一。

最后，另一个古典的城市景象可以在英国康沃尔郡体验到。这就是从加拉斯码头（Garras Wharf）看向特鲁罗的场景（图 185）。这个场景的上部是由本森主教（Bishop Benson）在 19 世纪晚期建造的大教堂。对于一座位于城市中心的宗教建筑所具有的审美力量持有的怀疑态度，都会被假如我们对这同一个场景所做的有或没有教堂的比较驱散。教堂的建筑师 J·L·皮尔逊（J.L.Pearson）不仅仅设计了一座伟大的教堂；而且他将特鲁罗连接到了原型象征的线路上，这才是真正定义一座城市之所在。

图 185
从加拉斯码头看特鲁罗，有教堂和没有教堂的比较

熟悉——朋友还是敌人？

　　为了使使这种对城镇景观的探索圆满结束，我们要提出这样的问题：场所的魔力是否会随着熟悉而日渐消逝？我们如何反驳那些声称侵蚀我们在城市中的愉悦感的虫子就是*习以为常（habituation）*的人呢？对游客来说很好，但是那些日复一日地看着所居住城镇的居民又是如何呢？

　　答案在于情感奖励的特性。如果习以为常真的是杀手的话，那么我们就不会不厌其烦地去反复聆听勃拉姆斯或布里顿（Britten）的作品了；我们就不会有愿望重返佛罗伦萨或布拉格了。事实是，场所越多地与情感相联系，它们就越能够抵御由习以为常造成的侵蚀。这一点似乎有着生物学的理由。

　　在 20 世纪 60 年代和 70 年代开展了一些实验，研究了大脑不同区域如何对重复刺激进行反应。结果发现，当被试重复置于相同的刺激时，大脑更具"理性"的部分，或者说新皮层（neo-cortex）的反应迅速衰减。然而，负责情感的中脑区或者说大脑边缘区却不是这样的。在相对短的时间内，它可以恢复对相同刺激的全面反应。[12]

　　从这一证据中将要得出的结论是，这种片面的习以为常过程或许实际上促进了我们对于有意义的城镇景观的欣赏。注意能量（attentional energy）专注于与记忆型分类等相关的高度聚焦的更高层次的大脑活动。由于对这种能量的需求减少了，这样，与大量涉及大脑边缘区的层面就进入前景。当新皮层活动的"忙碌"消退的时候，就为建筑和空间的情感潜力的实现腾出了空间。当城市的构成传递着原型信息的时候，就更具有力量。存在着某些无穷尽地想要消除关于场所的疑虑的某些东西，这些场所吸取了出现在人类无意识的根源。原型象征在今天就像对我们的克罗马努祖先一样具有治疗性。

当城市成为季节性庆典，例如圣诞节，或者成为盛大游行的舞台时，就成为迅速蔓延的、对社区联系的，这时情感的温度达到峰值。南欧和加勒比黑人的文化是最不禁止此类集体外向型的，正如在伦敦诺丁山狂欢节中可以看到的。

这些事物全都对丁审美奖励的主题有着影响。在这里一个潜在的原则是，审美火花产生于跨越了秩序和复杂性之间的裂隙，也就是已知和未知、此处和彼处、深层的过去和现在，以及"此时"和"彼时"之间的间隙。包含着这些最基本、然而却彼此联系的对立面的场景，有着情绪的影响力，它们不受时间侵蚀的影响。城市有着成为和谐的缩影的潜力；也就是对立面之间的调和原则的巨大投射。正因如此，有可能这样说，它提供了治愈生活的方方面面之间的分裂的处方。

但是，与此同时，人类是不安分的，永远都在寻找新的体验。这种目的论的驱动力意味着，没有什么秩序是永恒固定的，没有什么对疑虑的消除是永久的，仅仅是一个在寻找终极体验的持续不断的旅途中喘一口气的地方。《天路历程》（Pilgrim's Progress）是一部全天候的寓言。

参考文献

1　C.G.Jung，*Seelenprobleme der Gegenwart*（Zurich：Rascher & Co.，1931）．

2　1964 年的医学论文，由 Arthur Koestler 引用，*The Ghost in the Machine*（London：Pan Books，1970），p.326.

3　John Barrow，*The Artful Universe*（Oxford：Clarendon Press，1995），p.2.

4　Heinrich Zimmer，由 I.Progoff 引用，*Jung's Psychology and its Social Meaning*（Julina Press，1953），p.252.

5　Mircea Eliade，*Images and Symbols*（London：Harvill，1961）．

6　Ibid.

7　Sybil Moholy Nagy，*The Matrix of Man*（London：Pall Mall，1968），p.44.

8　Edward O.Wilson，*Consilience*（London：Little Brown and Co.，1988），p.247.

9　Ibid.，p.255.

10　参见 *New Scientist*（15 September 2001），pp.25-7.

11　Erich Fromm，*The Forgotten Language*（New York：Grove Press，1972）．

12　参见 J.Mackworth，*Habituation and Vigilance*（Harmondsworth：Penguin，1969）．

---

*　这部英国古典文学名著由 17 世纪英国清教徒约翰·班扬（John Bunyan）撰写，是英国文学史上最具代表性的宗教寓言故事，在西方国家中通常被看做是仅次于圣经的基督教重要经典。——译者注

第23章

伦理的维度

长久以来，建筑就与实用性以外的目的联系在一起。阿萨·布里格斯谈到"丰富了人类的文化"[1]；对于伊舍勋爵（Lord Esher）来说，建筑涉及"快乐的传播以及和谐的实施"[2]，这意味着建筑有着超越实际用途的价值。

长期以来一直有着对建筑赋予道德成分的传统，再也没有像中世纪那样盛行这种做法的了。中世纪的教堂建筑师通过两种媒介——神圣几何学（Sacred Geometry）以及神性之光（Divine Light），致力于传达和谐的法则，这些法则成为创世纪的基础。沐浴在神性的光线之下，体验着神赐予的比例，朝圣者获得了一种等待着好人的天庭预景。饰有雕刻的柱头和壮观的西山墙内面生动地描绘了地狱的痛苦，这是针对那些没有"得到上帝启示"的人的。

对于这种世界观的倾向性在19世纪由N·A·W·普金（N.A.W.Pugin）发掘出来，对他来说，英国早期哥特式风格是"石砌的文字"（Word made stone）。他的理由在于，这种风格起源于基督教教义的熔炉，而古典主义建筑则起源于异教信仰，因此就被拒绝作为教堂的适宜风格了。

在20世纪上半叶，道德渗透入建筑学领域。引导这一创举的是尼古拉斯·佩夫斯纳爵士，他离开了故土莱比锡，来到了他所崇尚的英格兰。建筑成为改革运动的主要武器，以此改造社会，正因如此，承载着相当多的社会和政治的精神包袱："建筑是良好社会的有效工具"，因此，"建筑师就是政治理想的最合适的向导和社会传播者"[3]，而"新建筑学的伦理需求再也不能被怀疑。"[4]

在这个新时代，个人的想象力必须被压制住，这样建筑师就成为时代精神的物质表达管道。佩夫斯纳的哲学观被沃特金概括如下：

> 这一真正的建筑学将……在本质上具有社会主义的特征……其社会主义特征的一个后果在于，它将完全主导着所有个人的生活：没有可能偏离其左右，因为它将成为"20世纪的艺术"。[5]

在21世纪肇始，事情似乎就已经出现偏差。建筑仍然反映着时代精神，但是这是一种赞同表达的个性化模式的多元论思潮。支持着"现代主义运动先锋"的宣言的政治理想，在"涡轮式资本主义"（turbo-capitalism）* 的重压下分崩离析。无论人们对这一变化持什么样的观点，至少我们再次获得自由，可以谈论美学了。

由于 20 世纪早期那些清规戒律的道德理由已经寿终正寝，这是否意味着现在建筑学没有任何方面可以解决"人类的关怀与文化"了呢？

将本书各个不同部分连接起来的线索是这一原则，即审美价值的前提在于，秩序和复杂性之间存在着张力，张力最终消解为一种秩序占主导地位的状态。这预设了秩序性与多样性的同时存在，并且这种存在来自于它们之间的创造性张力。这不也是一个稳定社会的处方吗？举例来说，种族之间的差异就其对整体性的贡献来说，是有价值的，这就是我们的人性。

建筑是不可避免的艺术，无论表现为建筑佳作的高端艺术，还是村庄和城镇丰富的乡土遗产。它们的形式和细部通常是在无意识层面被吸收的，然而。未经我们同意就在心灵中编织出它们的符咒。它们影响着情绪和行为，尤其是当它们利用了原型象征的暗潮时。从这一层面上来说，它们可以传播消除疑虑的阈下信息。

在审美本质层面，我们能否证明这样的信念，即存在着某种社会价值，可以延伸到超越仅仅提供转瞬即逝的愉悦感呢？

美学作为心理治疗

在本书开头，我们已经注意到，人类是双边意识（bi-lateral consciousness）的后继者：皮层分为两部分，两边各自有着特定的功能，但是不会经常地交流。我们概述如下：左脑半球是言语技能、理性思维和将信息按顺序分类的"首席执行官"。它是意识的主要所在地，其注意范围高度集中，能够在最细微的层面对信息进行分类。

右脑半球熟练于空间感知。它关注于整体，将对各个部分的分析留给了它对面的大脑半球。它与情感有着特殊的联系，关注的是事物的关系属性，因此在审美意识（aesthetic awareness）中，它是首要的，但不是独一无二的角色。

对生活于西方文化中的大多数人来说，左脑半球占据主导地位。这又是一个与黄金分割类似的地方。主导性必须处于能够确保较弱的伙伴得以安全的界限之内。问题在于，在一个动态而封闭的系统内，占据主

---

* 涡轮式资本主义指是资本主义在带来创新和效率以及飞速前进的同时带来各种社会问题，这种社会就像涡轮发动机一样，每个人身在其中却身不由己。——译者注

导地位的系统往往以牺牲较弱小的单位为代价，倾向于不断强大起来。在西方文化中，显然可以看到这种系统最大化过程（system-maximisation process）的运作。在所有领域，重点都是以左脑为中心的活动，例如言语技能和数学技能，强调的是信息的获取，而非知识的获取。知识有赖于右脑半球识别大量信息之间联系的能力。知识是整体性的。

为什么要用"心理治疗"（therapy）这个术语呢？我们寄希望，扩展和加深审美奖励的体验所产生的结果，是能够愈合由于西方文明偏向左脑半球而造成的两个大脑半球之间的裂隙。在屠格涅夫（Turgenev）的小说《父与子》（Fathers and Sons）中，他在谢尔盖·巴扎罗夫（Sergei Bazarov）这个人物身上带着嘲弄地模仿了这一趋势。巴扎罗夫是一个没有时间欣赏艺术、诗歌或者其他"浪漫垃圾"的人。在亨里克·斯科利莫夫斯基（Henryk Skolimovsky）的文章"知识与价值观"（Knowledge and Values）中，作者指出巴扎罗夫代表了充满"冷冰冰的事实、临床客观性以及科学推理"的世界。他继续论证道："我们正在我们的学术机构内培训着巴扎罗夫们……巴扎罗夫主义（Bazarovism）已经主导了我们社会的构成和学术界的结构。"[6]

情况似乎始终没有得到改善。巴扎罗夫仍旧活着，而且活得很好，正在处心积虑地继续驱逐教育中的艺术成分，直到成为那些没有学术天赋的人的最后一块堡垒。再回到1980年，布莱克斯利（Blakeslee）得出结论说，从小学到大学水平的教育都是"左脑控制的牺牲品"。[7]这种教育方式关注于左脑的机能，而以洞见和直觉为代价。然而，直觉性的右脑才是作出发现、创造新颖联系的部分，它在无意识层面做这些事，直到新的模式成形——到那时候，有了！它突然进入了意识中。正是右脑才能够"突然地……向着遥远的海岸纵身一跃，那是无法由循规蹈矩的渡船能够企及的地方"。[8]

马克斯·普朗克（Max Planck）被认为推动了量子理论的发展，他在自传中写道，真正的科学家有着"对于新理念的生动的直觉性想象力，这不是由教育产生的，而是由充满艺术性的创造性想象力而来"。[9]这种创造能力是大多数学生的教育系统之外的，现有的教育系统关注于将信息整齐地打包，然后假充是教育的课程。

一项在耶鲁大学开展的研究致力于建立教育系统与工作世界的匹配性。研究中对比了工程专业学生的两年学习成绩与他们后来的雇主对其原创性或创造性的等级评定。换句话说，学术成功是不是工作中创造性成功的潜力的真实指标呢？研究结果表明，相关性只有0.26（相关性为0表示没有关系，而相关性为1.0表示完全匹配）。对于56位物理学家的进一步研究表明，相关性为0.21。[10]

在另一项实验中，对267位大学生了进行测试，测量他们的直觉性思维能力。当把这一结果与这些学生的累积平均分数（cumulative grade average) 进行相关时, 相关性为 0.048; 也就是说, 实际上不存在相关。[11]

在健康、教育、环境保护和社会服务方面, 我们的生活越来越被那些以言语和数字为主导的人所掌管。这些新的突变生物是左脑半球的大使, 也是一种马尔库塞称之为"单向度的人"(one-dimensional man) 的新兴物种的先锋部队。

艺术, 尤其是建筑学, 正是修正的良药, 因为它们涉及两个大脑半球的协同运作。它们适合于科林·布莱克莫尔(Colin Blakemore)开具的处方:

> 我们应当为我们自己和我们的大脑而奋力实现的事情, 并不是过度关注一侧的大脑半球, 而偏废另一侧……或者是它们各自独立的发展, 而是*两者之间的联姻与和谐*[我加的斜体]。[12]

建筑学是理想的媒人, 因为它将我们包裹在城市生活的摇篮中, 或者用建筑的室内包围着我们。它是无孔不入的。道德的当务之急是, 创造出能够挑战我们的期待但同时又能表达模式与和谐的基本法则的建筑, 后者正是本书所探讨的。从这个角度来说, 设计良好的建筑及其相关的空间不仅能够创造出令人愉悦的环境, 而且也能持续地与我们的潜意识联系起来, 它们悄无声息地运作, 纠正我们不断滑向左脑的趋势。

成百万的人们蜂拥而至, 参观那些伟大的"风景如画"的城市, 这一事实就是一个确凿的迹象, 即这类场所满足了人们对干包罗万象的审美奖励的饥渴, 以及减缓日常工作中由言语和绩效指征所带来的压力的渴望。从宏大尺度上来说, 建筑是对于偏爱左脑的世界的一剂良药。如果这被认为是一种伦理的关怀, 那它就是。

20 世纪下半叶见证了一场思维的革命, 就像艾萨克·牛顿曾经对人们的影响一样, 具有根本性的意义。这一具有重大影响的转变, 就是从欧几里得几何以及牛顿物理学的确定性, 转向模糊逻辑、混沌学以及分形几何的不确定性。这些新的学科被证明是更好的工具, 可以用来理解受制于反馈的复杂系统, 例如天气。我已经试图提出的观点是, 它们也是实现对审美感知更深层理解的更好的工具。

建筑具有重要的意义, 因为它是日常生活的界面, 而且它持续时间久远。这就是为什么重要的是建筑所投射出的价值观也具有持续时间久远的品质。

如果本书所做的并没有超出阐明建筑中的美学如何起源于超越了风格和潮流的核心价值观, 那么, 它也有着实用性的目的。除此之外, 我们可以争辩说, 不断暴露于表达了秩序超越无政府主义及对立面之间的和谐搭配的建筑和城市空间中, 从感知的潜移默化方面来说, 有助于建立内在的平衡：即我们的冲突情感之间"实现调和"，与此同时，改善我们体验所有形式中的美的愉悦感受能力。

那些期待本书能够提供如何在建筑学领域衡量审美价值的人恐怕要失望了。然而，正如我所写道的，政府正在打算颁布"良好建筑的指征"(good architecture indicators)，将关注于"如何衡量好的建筑"。我所尝试的是，提出对于建筑进行价值评判是一种无法测量的微妙的心灵运作，完全超越了以数字来表示的品质指征的范围。否则的话，我要提醒的是，那就是终极的"巴扎罗夫主义"了。

我们生活在一个越来越充斥着不确定性的时代，本书正是这一时代的产物，甚或就其本身来说，也根植了混沌理论。我希望本书已经管中窥豹地表达了，建筑表现的丰富多样性如何成为具有深远意义的愉悦感的来源。可以证明这一点的理由是，我相信在美的概念中有着深层的普适性的结构。在亨利·沃顿爵士提出的、良好建筑的三个条件："坚固、实用和美观"中，或许"美观"是最伟大的。

"一个人的内心必须有着混沌的状态，才能诞生激情的火花。"

参考文献

1 Asa Briggs, 'The environment and the city', *Encounter*（December 1982），p.25.

2 Lord Esher, 在皇家艺术学院发表的 Hans Juda 演讲，1976.

3 David Watkin, *Morality and Architecture*（Oxford：Oxford University Press，1977），p.103.

4 Walter Gropius, 引自 Watkin, ibid., p.104.

5 Watkin, *Morality and Architecture*, pp.86-7.

6 参见 Henryk Skolimovsky, *The Participatory Mind：A New Theory of Knowledge and of the Universe*.

7 Thomas R.Blakeslee, *The Right Brain*（London：Macmillan，1980），p.57.

8 Robertson Davies, *The Lyre of Orpheus*（London：Penguin，1991），p.268.

9 由 Arthur Koestler 引自 *The Act of Creation*（London：Hutchinson，1964），p.147.

10 D.W.Taylor, 'Thinking and Creativity', *Annals of the New York Academy of Science* 91（1960），pp.108-23.

11 M.Wescott and R.Friedland, 'Correlates of Intuitive Thinking', *Psychological Reports* 12（1963），pp.595-613.

12 Colin Blakemore, *Mechanics of the Mind*（Cambridge：Cambridge University Press，1977），p.167.

审美表现力清单
（aesthetic performance checklist）

城市尺度

正如罗杰斯领导的英国城市工作组所倡导的，城市更新应当被视作一种整体式的运作，将整个城市肌理容纳进来，并且认识到一个建筑单体的改变，可能产生远远超出其周边环境的震荡。在这一过程中的重要步骤是，理解场所已经拥有的建筑和空间资产的丰富性。如果从乡村到城市，所有的人都得到鼓励，汇聚出一个重要的视觉资产详细清单或花名册，这样的措施才有可能实现。

本书写作目的之一就是提供一些概念工具，使这类资产能够被识别出来，更有可能根据其价值来进行等级分类。这样做是为了使居民能够以崭新的视角来看待他们的场所，并且欣赏那些隐藏在熟视无睹面纱之下的卓越品质。我们想当然地"观看"，但是，实际情形是，视觉是有选择性的；大多数时间内受到当下需求的驱动。成为本书核心议题的能够看到整体景象的能力，并不一定是自动出现的；对于大多数人来说，是需要学习而获得的。本书目的之一就是激发这样的"观看"过程。

这样一种努力的重要结果就是，能够更具有批判性地严格对待任何城市环境变化的提案，并识别出存在审美优化可能性之处。

在英国，情况正在朝着好的方向转变，因此，不可能再有更合适的时机将这一过程正式纳入议程，并启动对城市肌理进行资产评估的程序，其目标在于出台一份城市资产的清单。

潜在的城市资产

以下代表了可以进行评估的城市现象的类别举例。它们反映出在本书正文部分提到的建筑和城市事件的类别。

动态空间：街道

复杂性（Complexity）

视线标高处的兴趣点出现频率：例如商店、人行道上的咖啡馆、购物拱廊等，街道作为集市。

建筑兴趣点（Architecture interest）

建筑物总和的审美评价（aesthetic rating）："统一的多样性"品质

目标的吸引因素（Goal attractors）

远远地看到一座充满象征性的建筑——教堂、市政厅等——的一角所带来的吸引力。暗示出的奖励：巧妙隐藏所带来的益处，暗示着隐匿的奖励。微妙的指示物：蜿蜒而上的街道、光线的渐变、建筑基调、装饰繁简程度、尺度等的改变。

空间的定义（Spatial definition）

通过中介性小空间，例如"广场"（piazzetas）、纪念碑、雕塑及景观等对城镇景观进行调控，这些构成了地标或城市节点，明确了城市的结构。

惊喜（Surprise）

出乎预料的远景和特别的景色，通过封闭的街道景观中的裂隙或远处景观的无法预期的景色来实现。

具有创造性的模糊性（Creative ambiguity）

"此处"和"彼处"之间的平衡；具有一分为二作用的拱门（托特尼斯和鲁昂）所发挥的作用；以及在街道和广场的边缘地带。

双极性（Bi-polarity）

直接对比的情境：例如高密度的城市规划与广阔的绿色空间，或者街道两侧呈现的对比（例如，爱丁堡的王子街），或者建筑与水面之间的对比（新港、利物浦、伦敦、布达佩斯）。城市和景观之间所呈现的双极性，例如，以山为背景（萨尔茨堡）。

疲劳因素（Fatigue factor）

在街道上，知觉距离（perceived distance）与沿途视觉兴趣点出现程度之间的比率。中间目标的出现分解了知觉距离。

安全性（Security）

历史边界的保留，例如城门，"在境内"的象征性分量（例如林肯市、约克、法国的中世纪小镇）。

社交吸引因素（Social attractor）

具有社交意义的空间，也就是街道，它们同时被假定具有社会互动和展示的仪式性地位（例如巴塞罗那的兰布拉斯；布尔戈斯的散步道）。

等级特征（Hierarchical profile）

通过建筑表现增加期望值；对于空间和建筑的等级处理，导致市中心成为整个城市的高潮。

关键定位（The critical fix）

建筑与空间的布局结合成为具有高度审美意义的构图。重要的视点。

会聚性空间——广场

社交密集型空间（Socially intensive space）

普遍认同的群体聚会空间

市民空间（The civic space）

成为这座城市缩影的城市布局；市民超级意象的形式表达

多层次的空间（Multi-layered space）

表征着生活的面貌：教堂、世俗建筑、集市；对城市意义的包容

标记性空间（Emblematic space）

关注于一个标记性物体的空间；充斥了民众或国家情感的普遍认同的场所［例如，伦敦的特拉法加尔广场；布拉格的温塞斯拉斯广场（Wenceslas Square）］。

双模式的广场（Bi-modal squares）

精心设计的广场——将大小广场结合起来（例如威尼斯、托迪、圣吉米利亚诺）。

次级广场 (Secondary squares)

能够提供从街道持续不断的"前行"中暂缓下来的空间，同时也连接着城市肌理。

被动空间 (Passive space)

用于反思和隐退的安静的避难所

线性广场 (The linear piazza)

扩展的线性空间，以容纳集市，常常配备带顶棚的集市构筑物。

绿色空间 (Green space)

具有高度的环境和审美价值的市中心区绿"肺"（伦敦的公园；纽约中央公园）。内城区公园，是19世纪慈善家留下的遗产（利物浦、利滋）。从乡村渗透到内城区的线性公园（设菲尔德）。城区的绿化广场（伦敦、爱丁堡）。围绕着建筑以及建筑物之内的绿色空间。

特殊建筑物 (Special buildings)

具有特殊的建筑和/或历史价值的单体建筑和建筑群体，应当被识别出来，并按照价值进行评级（value rated），而不管是否列入国家文物保护系统。

以上就是一些关于城镇中潜在的视觉资产的例子，这些资产的价值要得到认定，以便出台一份关于场所的城市肌理所具有的审美／象征价值的清单。

词汇对照

图片来源

译后记

　　在目前气候变化的大环境中，建筑实践承担的重任在于如何通过设计，减少建成环境领域的二氧化碳等温室气体的排放。在绿色建筑之路成为共识的今天，关于绿色建筑是否具有审美意义，一直成为建筑学范畴内的一个争论焦点。尽管，从技术上来说，无可否认的事实是，绿色建筑将成为未来建筑实践的方向。但是，多数建筑师对于绿色建筑的形式多有诟病。那么，很有必要重新审视建筑的美学意义。建筑作品带来审美愉悦的根源是什么？

　　本书的作者彼得·史密斯教授兼跨建筑心理学与可持续建筑两个领域。在本书中，结合与心理学和环境心理学分支的最新理论进展，将其运用于建筑作品和城市环境的分析，使设计人员理解审美感知的内在逻辑。将建筑形式比例的和谐，推广到建筑作为人工制品与大自然的和谐关系，以及由此产生的深层美感。这一美学领域超越了纯粹的形式逻辑、数学比例等的常规美学评论的范畴，而将生物气候学原理引入建筑学领域，使得设计人员从对大自然的美的分析中，体验美感与和谐的深层内涵，进而在设计过程中，自觉体现对大自然体系的敬畏和尊重。

　　作者从古典建筑着手，以环境心理学为工具，对全世界各地的经典建筑作品和城市环境进行条分缕析的剖视和检审，提炼和挖掘出作品审美品质背后的内涵。本书的意义还在于，如何在当下的建筑环境中，从建筑审美和环境心理学的角度识别和保护建筑遗产。因此，本书在建筑审美、可持续建筑与遗产保护等课题之间架起了桥梁，使得建筑专业人士以更宽广的视角，重新审视诸领域的理论和实践，对困扰着学术界和实践领域的难题，提出了综合性的研究角度。

　　本书探讨了审美感知的根源，从和谐与混沌、统一与多样化的辩证关系，以心理学、生物数学、音乐、数论、脑神经科学、动力性系统论、混沌理论等跨学科的视角，不仅研究了比例的深层结构、建筑隐喻等涉及美感来源的方方面面，还探索了人作为审美主体在这个过程中的内在感受的原型意义。

　　美观作为人类进化、适应环境的动力，所呈现的心理学意义如果延展至建筑乃至城市范畴的创作源泉，作者认为是治愈人类心灵的分裂机制的良方，从而提出人类自身的创造物——建成环境，既是人类自身心理治疗的场所，也是心灵的集体无意识的疗愈手段。

巧合的是，译者同时也在翻译一本心理学的著作《心理治疗中的改变——一个整合的范式》，其中也是从动力性系统论的角度来阐述心灵发展的历程。两位作者以不同的媒介——建成环境和治疗情境，阐述了人类面临的自身困境，不论是集体遭遇的，还是个体面对的，都可以从同样的机制得以理解，彼此印照。

译者在 2007 年首次与彼得·史密斯教授在英国伦敦的蓓尔美尔街牛津大学和剑桥大学联合俱乐部见面时，就对这本书颇感兴趣。感谢程素荣编审和中国建筑工业出版社独具慧眼将本书引进，尤其感谢程素荣编审在本书翻译过程中给予的时间上的宽裕和工作进度的包容，使译者得以从容徜徉于这一知识的海洋。

本书作者的论证所涉及的庞大的学科体系，以及旁征博引带给译者，相信也会带给读者的扑面而来的信息的浪潮，无疑是浩瀚知识的饕餮盛宴。对于译者而言，难以在短时内完全消化、吸收，但仍战战兢兢尽量将之准确译出，所涉及的各个学科知识，难免错译、误译，还望各方专家不吝指正。译者电子邮箱：jane2109@hotmail.com。

译者：邢晓春，英国诺丁汉大学建筑环境学院毕业，获可持续建筑技术理学硕士，东南大学建筑系本科毕业。现任南京市建·译翻译服务中心总经理，专业从事建筑、城市规划和心理学的翻译工作。已出版的译著有：《为气候改变而建造——建造、规划和能源领域面临的挑战》（中国建筑工业出版社）、《尖端可持续性——低能耗建筑中的新兴技术》（中国建筑工业出版社）、《怎样撰写建筑学学位论文》（中国建筑工业出版社）、《适应气候变化的建筑——可持续建筑设计指南》（中国建筑工业出版社）、《课程设计作品选辑——建筑学生手册》（中国建筑工业出版社）。